服装从业者岗前实战丛书

服装生产
工艺与设备

宋嘉朴　编著

Production Process And
Equipment of Apparel

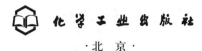

化学工业出版社

·北京·

服装工艺设计过程的虚拟化改变了传统的服装生产方式和营销模式；服装制造设备体现出技术集成化、智能化、自动化的显著特征。增强现实技术、动态模拟技术、3D打印技术在服装上的应用为服装产业的未来发展提供了无限的想象空间。本书正是为了适应服装产业的发展需要以及高等教育改革的要求而编写的，内容包括服装技术发展概论、服装面料工艺设计概述、服装生产准备、服装裁剪工艺、服装黏合工艺、服装缝制工艺、服装整烫工艺、服装生产设备及应用、服装缝制设备及应用、机织服装工艺设计与制作、针织服装工艺设计与制作。本书在加强服装生产工艺教学的基础上，淡化服装设备机械原理教学的相关内容，强化了服装设备的工艺应用内容。本书既适合服装专业高等院校的师生使用，也可以供广大的服装工程技术人员阅读和参考。

图书在版编目（CIP）数据

服装生产工艺与设备/宋嘉朴编著 . —北京：化学工业出版社，2015.3 （2018.7重印）

（服装从业者岗前实战丛书）

ISBN 978-7-122-22625-9

Ⅰ.①服…　Ⅱ.①宋…　Ⅲ.①服装-生产工艺-高等学校-教材②服装工业-生产设备-高等学校-教材　Ⅳ.①TS941.6②TS941.56

中国版本图书馆CIP数据核字（2014）第301653号

责任编辑：李彦芳

责任校对：宋　玮　　　　　　　　　　　　装帧设计：史利平

出版发行：化学工业出版社（北京市东城区青年湖南街13号　邮政编码100011）

印　　装：三河市延风印装有限公司

787mm×1092mm　1/16　印张12　字数290千字　2018年7月北京第1版第2次印刷

购书咨询：010-64518888（传真：010-64519686）　售后服务：010-64518899

网　　址：http://www.cip.com.cn

凡购买本书，如有缺损质量问题，本社销售中心负责调换。

定　　价：36.00元　　　　　　　　　　　　　　版权所有　违者必究

前言
Preface

　　近年来，服装产业得到快速发展，服装生产工艺与设备较之以往有很大的变化。服装工艺设计过程的虚拟化改变了传统的服装生产方式和营销模式；服装制造设备体现出技术集成化、智能化、自动化的显著特征。增强现实技术、动态模拟技术、3D 打印技术在服装上的应用为服装产业的未来发展提供了无限的想象空间。本书正是为了适应服装产业的发展需要以及高等教育改革的要求而编写的。

　　本书内容的安排依据服装生产工艺和设备的教学特点及实际生产需要，共分为十一章，内容包括服装技术发展概论、服装面料工艺设计概述、服装生产准备、服装裁剪工艺、服装黏合工艺、服装缝制工艺、服装整烫工艺、服装生产设备及应用、服装缝制设备及应用、机织服装工艺设计与制作、针织服装工艺设计与制作。本书在加强服装生产工艺教学的基础上，淡化服装设备机械原理教学的相关内容，强化了服装设备的工艺应用内容。本书既适合服装专业高等院校的师生使用，也可以供广大的服装工程技术人员阅读和参考。

　　在本书编写过程中，笔者走访了国内一些实力雄厚的服装生产企业和服装设备制造企业，参阅了国内外许多文献资料和专著，积累了许多第一手资料，采纳了许多同行的实践经验。福建泉州海天材料科技股份有限公司的陈力群先生为本书提供了针织面料样品卡；红豆制衣集团的蒋春敖、张洪波先生提供了红豆制衣生产现场的图片；西安工程大学的郭嫣教授、中原工学院的吕旭东副教授在本书的编写过程中给予了很大支持，在此一并表示最诚挚的谢意！

　　鉴于笔者水平有限，难免会有疏漏和不妥之处，敬请各位专家和读者批评指正。

编著者

2014 年 11 月

目 录
Contents

| 第三章 | 服装生产准备 | 28 |

| 第四章 | 服装裁剪工艺 | 38 |

第五章　服装黏合工艺　46

第六章　服装缝制工艺　54

第七章　服装整烫工艺　75

第八章　服装生产设备及应用　86

第九章　服装缝制设备及应用　109

<table>
<tr><td>第十章</td><td>机织服装工艺设计与制作</td><td>154</td></tr>
</table>

第一章
服装技术发展概论

服装技术的发展经历了漫长的过程，从手工制作到机器加工，再到自动化生产，无论是服装生产工艺，还是服装加工设备，包括服装的生产模式和营销方式都发生了很大的改变。了解服装生产工艺与设备之间的密切关系以及服装技术的演进路径，才能更好地把握服装产业发展的未来趋势。

第一节　服装工艺与设备发展的几个重要历史时期

服装工艺技术及设备的发展纷繁复杂，根据其不同历史时期的重要特征，可大致划分为服装原始工具加工时期、服装手工作坊定制时期、家庭缝纫及小批量加工时期、服装成衣大批量生产时期、服装自动化智能设备制造时期等几个阶段。

一、原始工具加工时期

原始工具加工时期服装的特点（图1-1）。

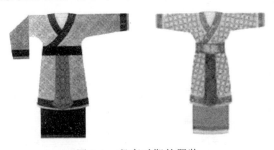

图1-1　殷商时期的服装

二、服装手工作坊定制时期

秦汉时期的华服和隋唐时期的唐装是服饰发展史上的两个重要历史节点。手工作坊定制时期服装的特点（图1-2、图1-3）。

我国早期的服装制作主要以手工为主，款式少有变化，但工艺精湛。如苏绣、粤绣、湘绣、蜀绣四大名绣，其服装应用工艺各有千秋（图1-4～图1-8）。

三、家庭缝纫及小批量加工时期

缝纫机在晚清时期传入我国，并随着近现代工业化的进程在服装生产中逐渐推广并普及。服装生产也由此进入技术工人操作标准普及和工业化批量生产时代（图1-9、图1-10）。

图 1-2　秦汉时期的服装

图 1-3　隋唐时期的服装

图 1-4　苏绣精品

图 1-5　粤绣精品

图 1-6　湘绣精品

图 1-7 蜀绣精品

图 1-8 蜀绣工艺服装应用实例

图 1-9 民国时期的旗袍

图 1-10 民国时期中式结婚礼服

四、服装成衣大批量生产时期

新中国成立以来，国内服装业进入快速发展时期。改革开放后，服装作为现代产业的发展地位受到国家的重视，民营经济在服装产业中的发展得到大力推进，服装成衣大批量生产成为服装产业的一个常态（图 1-11～图 1-13）。

图 1-11 百斯盾传统的服装缝制车间

图 1-12 红豆集团现代化的服装柔性制造流水线

(a) 运动员领奖服装　　　　　(b) 运动系列服装　　　　　(c) 李宁品牌为伊辛巴耶娃
　　　　　　　　　　　　　　　　　　　　　　　　　　　　定制的运动服装

图 1-13　李宁品牌运动服装

五、服装自动化智能设备制造时期

现代服装生产的自动化智能设备制造时期，重要特征主要有：技术与信息高度融合；服装生产流程更短，打破了服装工艺技术的传统模式；服装生产工艺和技术出现颠覆性的发展趋势；网络化的市场空间和个性化的市场需求；虚拟化技术与个人定制时代的来临；智能服装制造设备的易操作性（图 1-14～图 1-16）。

图 1-14　服装数码打印机

图 1-15　台鹰成型编织产品及对应设备

图 1-16　3D 打印服装

第二节　服装工艺与设备之间的关系

服装生产工艺与设备之间存在着密不可分、相辅相成的关系。俗话说："工欲善其事，必先利其器"，现代化的先进设备是服装工艺质量的保证。简言之，设备是工艺的基础，工艺是设备的目的。一个有品牌影响力的现代化服装企业，一定拥有先进的服装制造设备，并掌握了先进的服装生产工艺和技术。

一、服装工艺技术的提升对服装设备发展的促进作用

服装工艺技术的提升对服装设备发展的促进作用主要体现在以下几个方面。

（1）服装工艺技术提升推动服装制造工具的更新换代。

（2）服装工艺技术权威促成服装标准化生产。

（3）现代高级成衣定制要求决定技术密集型生产工艺模式。

二、服装设备制造技术的精进对服装生产工艺创新的深远影响

服装设备制造技术的精进对服装生产工艺创新的深远影响体现在以下几方面。

（1）服装设备的高速自动化带来工艺效率的提高。

（2）服装设备性能的完善促进服装工艺技术产生质的飞跃。

（3）服装设备的多功能化使得工艺适应性增强。

（4）小批量多品种敏捷制造模式促使工艺技术产生突破。

（5）计算机集成制造系统（CIMS）完善了工艺技术与信息技术的整合。

（6）高新技术在服装设备上的应用给服装工艺技术带来革命性变化。

第三节　服装生产的现代工程环境

现代服装生产的工程环境体现出 3 个方面的重大转变：一是信息集成度和利用效率大大提高；二是服装制造技术更加规范化和标准化，大大减少对操作工人技术水平的依赖；三是服装定制网络化和虚拟化。

一、服装计算机集成制造系统

1974 年，Joseph Harrington 博士提出服装采用计算机集成制造方式的设想，即 CIMS（Computer Intergrated Manufacturing System）。其核心内容包括两个方面：一是服装企业生产的各环节，即从市场分析、产品设计、加工制造、经营管理到售后服务的全部生产活动应看成是一个不可分割的整体，要紧密联系，统一考虑；二是整个服装生产过程实质上可以看作是一个数据采集、传递和加工处理的过程，最终形成的服装产品可以看成是数据的物质表现形式。这一创造性设想为服装数码化生产奠定了基础。服装 CIMS 的基本思想是对早期相对独立的服装 CAD、CAPP、CAM、FMS、MIS 等计算机应用系统进行技术集成。服装集成制造系统体现的是以服装消费市场信息为基础和依据的服装自动化生产技术集成，因而成为世界各国实现服装企业生产自动化、现代化的发展方向。这个制造系统是在自动化技术、信息技术及制造技术的基础上，通过计算机软硬件，将服装企业甚至整个服装产业链全部生产活动所需的各种分散的自动化系统有机地集成起来，形成适合多品种、小批量生产模式的高效益、高柔性的智能制造系统。

据有关资料显示，采用 CIMS 能为服装企业带来的效益有，生产效率提高 30%～50%；

生产周期缩短 30%～60%；在制品可减少 30%～60%；产品质量提高 50%～200%；设备利用率提升 50%～200% 等。我国第一个服装 CIMS 示范系统于"八五"期间在中国服装研究设计中心建成。近年来，服装 CIMS 的推广在我国取得了卓越成效。服装 CIMS 是一种集成化的智能系统，更是现代服装生产所迫切需要的一种大范围的工程环境。

二、服装制造技术标准化和规范化

传统的服装生产工艺对熟练的操作工人依赖程度很高，操作工人的技术能力对服装的最终质量具有决定性作用。现代化高速自动设备的引入虽然极大地减轻了产业工人的劳动强度，提高了工作效率，而且可以根据操作工人的技术能力合理安排工艺流程并有效管控和组织生产，但依然摆脱不了对熟练操作工人专业能力的依赖。在服装产业快速发展、用工成本越来越高、用人越来越难的大背景下，如何使服装生产工艺技术门槛降低，吸引更多非专业人员的注意力，积极拓宽用工范围，并通过标准化和规范化的操作步骤，让产品质量保持稳定且不受到操作人员个人专业技术能力的影响，成为解决服装产业发展瓶颈的重大课题。正是在这种情况下，服装模板技术（图 1-17）应运而生。服装企业应用服装模板技术的价值和意义在于：模板自动缝制系统可有效控制和安排生产计划，节省人力成本支出，缩短生产周期；模板设计与工艺编排相结合，可使服装生产加工流程规范化和标准化；模板技术的引入降低了服装加工操作技术门槛，提升了服装成品的质量稳定性；模板自动缝制系统提高了服装企业的整体效益，拓宽了用工渠道，有效解决了服装企业用工难问题；模板技术应用可以优化车缝工序和作业流程，大幅提高车缝工艺质量，保证产品品质，降低返修率，减少残次品。

(a) 羽绒服模板缝制　　　(b) 自动模板长臂电脑平缝机横向绗缝裤管直线　　　(c) 自动模板缝纫机缝制复杂形状工艺线迹

图 1-17　服装模板技术应用

三、服装定制网络化和虚拟化

据中国电子商务研究中心有关数据，2012 年我国网购服装占服装零售总额为 20.4%。艾瑞咨询数据显示，2012 年，我国网络购物规模 1.3 万亿，其中服装网购市场交易规模达 3188 亿元，占比 25%，位居第一位。2013 年中国电子商务交易额达 9.9 万亿元，服装网购总规模达 4290 亿元左右，占比仍高居首位。电子商务为服装市场开辟了一个崭新的网络化消费时代，而且网购这一新的渠道模式对服装品类举足轻重。淘宝网数据显示，各平台的女装消费交易额最高，但由于无法试穿或受到网店商家片面描述的误导等原因，各大购物网站服装退换货率超过 30%。网络化的服装消费市场已经形成，对许多经营服装的企业来说，既拥有很好的机遇，但也面临巨大的挑战。人才、技术、环境适应能力、资金问题等仍然很突出。

虚拟现实技术在服装领域中的应用由来已久，并且越来越受到重视。虚拟技术的应用表现出构想、交互性、沉浸感三个重要特征。构想是指人置身于虚拟环境中萌发新的意境，并使自己的感性和理性认识得到升华的过程；交互性是指人能与虚拟环境中的对象进行互动和交流；沉浸感是指利用计算机生成的虚拟环境能给人一种真实感，有身临其境的感觉。

虚拟服装设计是建立在对人体进行三维测量和建模基础上的。国际上通常采用非接触式的三维人体测量技术，通过应用光敏设备捕捉投射到人体表面的光（激光、白光及红外线）形成图像，然后经计算机处理来描述被测量人体的三维特征（图1-18）。

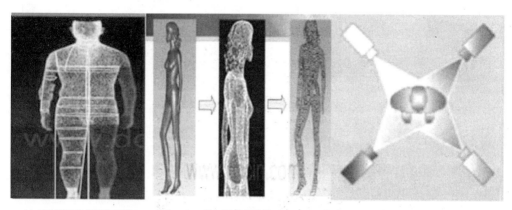

(a) 三维测量数据获取部位　　(b) 三维测量数据转换过程　　(c) 激光扫描头构成的全身人体扫描仪

图 1-18　三维人体测量

最近，新出现的一种 AR 增强现实技术在网络试衣方面的应用有非常大的市场潜力，这种虚拟试衣间可以将服装和人体拟合展示穿着效果，使消费者可以更直观地看到服装最终的上身效果（图1-19）。

(a) 打开试衣系统　　　　(b) 选择虚实模特拟合　　　(c) 服装与人体拟合过程及效果

图 1-19　JC Penny 网络虚拟试衣间

第四节　服装计算机集成制造技术应用

服装计算机集成制造技术的逐步完善能够带来服装业工艺与设备的革命性变化。这些变化主要体现在服装工艺设计手段多样化、设计环节虚拟化、服装吊挂生产组织、与管理环节的优化。总之，计算机技术的应用和网络的发展带来了现代服装生产工艺和设备的重大变革。

一、服装工艺设计手段多样化和设计环节虚拟化

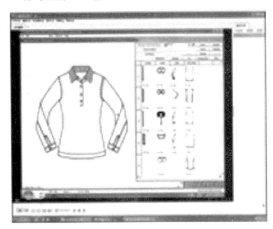

图 1-20　部件组合服装款式

服装生产工艺环节多，涉及面广，任务繁重，费时费力，效率不高，周期长且材料浪费惊人，创新难度大，这些因素往往成为困扰服装企业发展的瓶颈。近些年来，这种状况正在悄然发生着改变。从纱线的设计，面料组织结构的设计，面料材质、图案和款式的设计，到服装的工业打板、排料和裁剪，服装的缝制过程，成衣效果展示等，都已实现了计算机控制和虚拟设计及模拟，其效率和效益都有显著的提高。服装计算机集成制造技术的应用使服装工艺设计内容更丰富，设计手段更多样，设计效果更独特，设计周期更短。如图 1-20 所示为 Texpro Design CAD 的款式设计系统模块，其采用部件组合的设计理念，把服装各工艺要素组成设计用部件库，可根据设计需要任意组合成所需款式。

图 1-21 为款式设计模块的部分功能应用。其中图 1-21(a) 为款式图的面料选配，图 1-21(b) 为同款不同配色的系列服装设计，图 1-21(c) 为模特换装不同面料的效果。

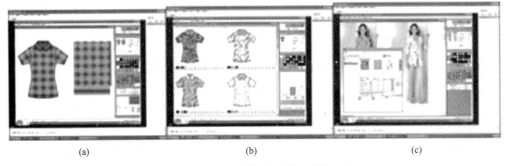

(a)　　　　　(b)　　　　　(c)

图 1-21　Texpro 系统款式设计模块应用

美国 PGM 的三维服装设计模式，可以通过 3D 虚拟人体，直接把三维衣片转换为裁剪用的二维衣片，实现了立体裁剪的虚拟设计。该功能从三维模特上直接剥离二维衣片样板，制版完成后，可将衣片在三维模特上进行假缝拼合成服装，并根据模特体型进行贴身拟合，形成立体的服装。在紧身衣和紧身运动装的设计中，还能进行压感测试，使服装更符合人体工学的着装要求。此外，还能逼真模拟面料的材质和服装穿着后的动态效果（图 1-22、图 1-23）。

二、服装吊挂生产组织与管理环节的优化

服装吊挂生产管理系统（简称吊挂系统）也称柔性制造系统或灵活制造系统（FMS），它是由数控加工设备、物料储运装置、计算机控制系统等组成的自动化制造系统，是一种服装快速反应生产技术，是机电一体化在服装业的集中应用。该系统的大小、工位的组合方式灵活多变，便于产品品种的更换和生产管理。

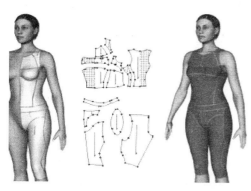

图 1-22　PGM 三维模特上剥离二维衣片样板

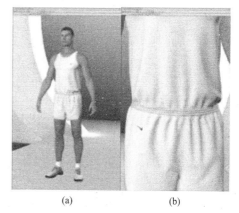

　　　　　　(a)　　　　　　　　　　(b)

图 1-23　PGM 服装材质模拟效果

　　吊挂系统的特点是将服装衣片夹持在带有不同编码的吊架上，通过高架轨道，在中央主控计算机控制下，将加工工件送至指定加工位置，在吊挂状态下完成搬运和缝制，不需对在制半成品进行捆绑、打包和拆包等操作。该系统有效地解决了服装生产制作过程中搬运时间较多、生产周期长和质量难以有序控制等问题，对服装企业满足小批量、多品种、短周期的市场需求，形成敏捷制造能力具有十分重要的作用。

（一）服装吊挂系统的功能

　　服装吊挂系统的功能主要包括面料、辅料搬运、缝制车间的生产管理、整烫运输管理和仓储运输管理等。

　　1. 面料、辅料搬运系统

　　面辅料搬运系统是服装生产高效有序进行的必要条件（图 1-24）。

(a) 衣架挂缝片操作　　　　　　(b) 衣架电动升降搬运系统　　　　　　(c) 衣架吊篮式吊挂系统

图 1-24　吊挂搬运系统

　　2. 缝制车间的生产管理系统

　　服装吊挂系统采用计算机现场监控和任务分配，可以很好地解决生产作业流水平衡问题，并能减少人工差错（图 1-25）。

　　3. 整烫运输管理系统

　　整烫作业时间相对较长，工艺要求也高，对运输管理系统的科学规划也要相对严格（图 1-26）。

　　4. 仓储运输管理系统

　　服装仓储管理系统，可以对加工完成后的成衣进行有效管理。该系统根据输入的指令，

图 1-25　电脑生产管理监控系统工作现场

图 1-26　吊挂整烫生产现场

可将要储存的服装分类、分款、分色、分号，自动存入仓库或提取，并能及时提供库存报表（图 1-27）。

图 1-27　仓储管理系统

（二）吊挂系统的特点

吊挂系统最主要的特点，是它能够适应服装生产多品种、小批量、短周期的生产要求。这种适应性体现在以下四个方面。

（1）吊挂系统可通过增加或减少工作站来保证流水线节拍的相对固定，即系统大小可根据现场生产需要自由组合、任意伸缩。

（2）工艺组合的灵活性及逆向工序编排的可行性与多品种、小批量混合投料时工艺编排的复杂性相适应。吊挂系统能够自由传输加工工件，流水平衡性好，编排效率高。吊挂缝制系统无需搬动机台即可完成产品品种更换。

（3）吊架的数量可依据品种多少、批量大小进行合理选择。

（4）管理过程数字化、程序化，管理人员可随时了解工作进度状况并适时做出必要调整。吊挂系统在各工位及车间办公室内设有计数装置，它能随时反映出各工位生产产量、生产储备、积压情况，可及时调节流水线平衡畅通，减少在制品积压，并可得到实时的生产状况资料，收集准确的生产数据，供管理人员作分析和计划，甚至可以提供工资结算的资料，减轻工资结算的工作量（图 1-28）。

此外，吊挂系统还具有以下优点：由于产品不落地，使得成品的折皱和污垢均减少；品质与效率的提升有助于提升产品品牌和公司整体形象；管理人员对于生产状况有较好的可视度；由于实行了量化考核，在人员管理方面更加严格和科学；由于衣片在空中传递，场地占用率较低，提高了空间利用率。

总之，吊挂系统的工艺适应性优势主要表现在品种变化、生产工艺编排、临时订单处理、实时流水平衡等方面。

图 1-28　杜克普吊挂系统物料分配管理

（三）吊挂系统的性能比较

按控制方式，吊挂系统可分成两类：一类是以机械式自动控制技术为主的自动传输系统，如瑞典伊顿公司的 2001 型吊挂系统；另一类是以计算机控制数据集成、兼有生产管理功能的智能型传输系统，如美国格伯公司的 GM-100 型吊挂传输系统（图 1-29）。部分常见服装吊挂系统性能比较见表 1-1。

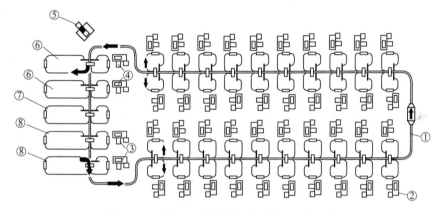

图 1-29　GM-100 型吊挂传输系统平面排列图

①主轨道　②缝纫工位　③修片工位　④质检工位　⑤中央主控机　⑥下货工位　⑦缓冲工位　⑧装货工位

表 1-1　部分常见服装吊挂系统的主要技术性能比较

型号 项目	ETON2001 型（瑞典）	ETON2002 型（瑞典）	GM-100 型（美国）	JHS201（Ⅱ） 型（日本）	FD1002 型 （中国）
系统功能	较强	强	较强	较弱	较强
控制方式	机械编码	光学条形码与微机	计算机网络	机电	工业可编程序控制器
微机管理系统	有	有	有	无	有
自动化程度	较高	高	高	较低	较高
使用操作	方便	方便	较复杂	方便	方便
设备安装要求	一般工业厂房	较高	较高	一般工业厂房	一般工业厂房
运转维护	较简单	难度较高	难度较高	较简单	较简单
可靠性	一般	较高	较高	高	较高

第五节　感性工学在服装工艺设计中的应用

随着科学技术的发展，人们对服装的认识得到提高，服装消费的诉求也趋向于感性的部分，感性因素在现代服装工艺设计中变得越来越重要。

一、感性工学工艺设计理念的引入

1988年，第十届国际人机工学会议正式提出"感性工学"的概念，其后在产业界越来越受到重视。如今，感性工学理论和方法已广泛应用于服装、住宅、汽车、家电、护肤产品等各行各业。美国、德国、英国、日本运用感性工学在新产品研发、市场拓展、战略调整等领域都取得了巨大的成就。

感性工学是感性与工学相结合的技术，主要通过分析人的感性来设计产品，依据人的喜好来制造产品，属于工学的一个新分支。感性工学主要研究产品工学特性与人的感性之间的关系，强调将感性需求或模糊不清的意象转化为具象产品设计要素，以市场需求为中心来定性或定量设计产品工艺。

二、感性工学的服装应用层次

服装工艺设计可依据马斯洛的需求层次论，把人们对于服装的感性要素分为感觉、情感和感知三个层次。感觉因素关注的是生理和心理方面的低层次需要，关注服装的功能性和实用性，满足消费者的服装基本需求；情感因素关注的是中间层次的需求，如爱、尊重、归属感，看重情感沟通与交流；感知要素关注高层次的需要，如产品附加值、文化内涵价值、自我角色塑造等，着重培养消费者对服装品牌的忠诚度。在服装工艺设计中，感性元素融入越多，产品色彩越丰富和富于变化。

思考题

1. 我国服装工艺和设备的发展经历了哪几个重要时期？
2. 服装生产工艺和技术有哪些突破性的进展？
3. 现代化的服装制造设备有哪些典型特征？
4. 怎样理解服装工艺与设备的关系？
5. 服装工艺技术进步对服装设备的发展有何影响？
6. 服装设备性能的改进对服装工艺有何促进？
7. 什么是CIMS？其核心含义是什么？
8. 现代服装生产的工程环境有哪些突出的特征？
9. 服装模板技术有何应用价值？
10. 柔性制造系统的工艺适应性表现在哪些方面？
11. 服装虚拟技术有哪些应用价值？

第二章
服装面料工艺设计概述

　　服装面料的选择和应用对服装产品的设计是至关重要的，所以面料的工艺设计是服装工艺设计首先要解决的问题。现代服装工艺设计比较注重服装的功能性和舒适性，而服装材料的性能往往在这两方面对服装面料的性能有决定性的影响。各种服装材料，尤其是新材料在服装上的应用，给服装面料的加工工艺带来了很大改变。因此，在了解服装工艺技术之前，非常有必要对服装材料与服用性能关系比较密切的指标作一介绍。当然，感性因素也是研究服装工艺技术时不可忽略的重要部分。

第一节　服装面料性能及主要影响因素

　　服装面料是服装工艺设计的基础部分，面料的工艺质量很多时候对服装成品的工艺质量有决定性作用。20世纪90年代以来，新材料不断涌现，服装面料织造工艺的进步和风格创新等对服装流行趋势变化均有很大影响。在原料的选择上，服装面料的工艺设计更倾向于选择健康环保的材料，采用多种纤维混纺或交织提高服装面料的综合服用性能，借助功能性的纤维开发功能优异的功能性面料，采用后整理领域的高新技术提升服装面料物理和化学方面的耐受能力等，这些都极大地提高了服装面料工艺设计的附加值。服装面料的工艺设计手段也取得了较大突破，出现了像 Texpro Design CAD、PGM、富怡等优秀的服装面料虚拟工艺设计软件，提高了工艺设计效率，丰富了服装工艺设计手段，较大幅度地降低了工艺设计的成本。

　　纤维原料、纱线结构、织物结构以及织物染整工艺是决定纺织服装面料性能的四大因素。这些因素直接影响服装加工工艺难度和服装的实际服用性能。这里重点介绍一些主要的影响服装面料性能及服装功能的纤维性能指标。

一、纤维密度

　　纤维密度是指单位体积纤维的重量，它直接影响服装面料的覆盖性。纤维密度越小，覆盖能力越强，制成的服装也越轻便。常用纤维密度见表2-1。

表 2-1　常用纤维密度

纤维	密度/(g/cm³)	纤维	密度/(g/cm³)	纤维	密度/(g/cm³)
棉	1.54	醋酯纤维	1.32	氯纶	1.39
麻	1.50	三醋酯纤维	1.30	丙纶	0.91
羊毛	1.32	涤纶	1.38	乙纶	0.94~0.96
蚕丝	1.33	锦纶	1.14	氨纶	1.0~1.3
黏胶纤维	1.50	腈纶	1.17		
铜氨纤维	1.50	维纶	1.26~1.30		

二、纤维的力学性能

纤维在受到拉伸、弯曲、扭转、摩擦、压缩、剪切等各种外力作用时的力学性能，对服装加工和使用会有很大影响。主要体现在服装变形和变形后的回复能力等方面。常见纤维的强度和断裂伸长率及常见纤维的弹性恢复率见表2-2、表2-3。

表2-2　常见纤维的强度和断裂伸长率

纤维名称			干强 /(cN/dtex)	湿强 /(cN/dtex)	干断裂伸长率 /%	湿断裂伸长率 /%
锦纶6	短纤维		3.8～6	3.2～5.5	25～60	27～63
	长丝	普通	4.2～5.6	3.7～5.2	28～45	36～52
		强力	5.6～8.3	5.2～7.0	15～25	20～30
锦纶66	短纤维		3.0～6.3	2.6～5.4	16～66	18～68
	长丝	普通	2.6～5.3	2.3～4.6	25～65	30～70
		强力	5.2～8.4	4.9～7.0	16～28	18～32
涤纶	短纤维		4.2～5.7	4.2～5.7	35～50	35～50
	长丝	普通	3.8～5.3	3.8～5.3	20～22	20～22
		强力	5.5～7.9	5.5～7.9	7～17	7～17
腈纶	短纤维		2.5～4.0	1.9～4.0	25～50	25～60
维纶	短纤	普通	4.1～5.7	2.8～4.8	12～26	12～26
		强力	6.0～7.5	4.7～6.0	11～17	11～17
	长丝	普通	2.6～3.5	1.9～2.8	17～22	17～25
		强力	5.3～7.9	4.4～7.0	9～22	10～26
丙纶	短纤维		2.6～5.7	2.6～5.7	20～80	20～80
	长丝		2.6～7.0	2.6～7.0	20～80	20～80
氯纶	短纤	普通	1.7～2.5	1.7～2.5	70～90	70～90
		强力	2.9～3.5	2.9～3.5	15～23	15～23
	长丝		2.4～3.3	2.4～3.3	20～25	20～25
氨纶	长丝		0.4～0.9	0.4～0.9	450～800	—
黏胶纤维	短纤	普通	2.2～2.7	1.2～1.8	16～22	21～29
		强力	3.2～3.9	2.4～2.9	19～24	21～29
	长丝	普通	1.5～2.0	0.7～1.1	10～24	24～35
		强力	3.0～4.6	2.2～3.6	7～15	20～30
	高湿模量	短纤	3.1～4.6	2.3～3.7	7～14	8～15
		长丝	1.9～2.6	1.1～1.7	8～12	9～15
醋酯纤维	短纤维		1.1～1.4	0.7～0.9	25～35	35～50
	长丝		1.1～1.2	0.6～0.8	25～35	30～45
棉			2.6～4.3	2.9～5.6	3～7	—
羊毛			0.9～1.5	0.7～1.4	25～35	25～50
丝			3.0～3.5	1.9～2.5	15～25	27～33
苎麻			4.9～5.7	5.1～6.8	1.2～2.3	2.0～2.4

表2-3　常见纤维的弹性恢复率

	去除外力的急弹性回缩总伸长率				去除外力2分钟缓弹性回缩总伸长率			
	2	3	5	10	2	3	5	10
棉	2	3	5	10	2	3	5	10
羊毛	100	100	100	69	—	—	—	—
蚕丝	90	72	52	35	93	78	62	44

	去除外力的急弹性回缩总伸长率				去除外力2分钟缓弹性回缩总伸长率			
黏胶纤维	63	46	35	26	—	—	—	—
醋酯纤维	94	85	58	26	100	98	80	37
锦纶长丝	100	95	89	75	—	—	—	—
锦纶短丝	100	100	100	90	100	100	100	97
涤纶	100	85	69	40	100	75	75	50
腈纶	90～100	75～80	55～64	33～37	100	100	70～83	51～56
维纶	60～70	50～60	40～45	30～35	85～95	70～80	50～60	45～50

三、纤维的热学性能

温度变化时服装材料会表现出各种热学性能，如比热容、热传导性、热稳定性等。在服装工艺设计时，如果能充分考虑服装材料的这些热学性能表现，就能增强服装对穿着环境的适应性。比热容是指质量1g的材料温度变化1℃时吸收或放出的热量（表2-4）；导热系数是指厚度为1m的材料上下两表面间温度差为1℃时，每秒钟内通过$1m^2$表面积所传导的热量，用λ表示，λ值越小，隔热能力越强（表2-5）。极限氧指数是指材料点燃后在大气里维持燃烧所需的最低含氧量的体积百分数，极限氧指数越低，纤维越容易燃烧，当极限氧指数大于27％时，织物离开火焰后会自灭，服装才有阻燃能力（表2-6）。

表 2-4　干纤维（20℃时）的比热容

纤维	比热容/[J/(g·℃)]	纤维	比热容/[J/(g·℃)]	纤维	比热容/[J/(g·℃)]
棉	1.21～1.34	黏胶纤维	1.26～1.36	丙纶	1.80
亚麻	1.34	锦纶6	1.84	玻璃纤维	0.67
大麻	1.35	锦纶66	2.05	石棉	1.05
黄麻	1.36	芳香族聚酰胺纤维	1.21	静止空气	1.01
羊毛	1.36	涤纶	1.34		
桑蚕丝	1.38～1.39	腈纶	1.51		

表 2-5　温度20℃时常见纤维材料的导热系数　　　单位：W/(m·℃)

服装材料	导热系数 λ	服装材料	导热系数 λ
棉	0.071～0.073	涤纶	0.084
羊毛	0.052～0.055	腈纶	0.051
蚕丝	0.05～0.055	丙纶	0.221～0.302
黏胶纤维	0.055～0.071	氯纶	0.042
醋酯纤维	0.05	静止空气	0.027
锦纶	0.244～0.337	水	0.697

表 2-6　常见织物的极限氧指数

纤维种类	织物面密度/(g/m²)	极限氧指数/％
黏胶纤维	220	19.7
羊毛	237	25.2
锦纶	220	20.1
涤纶	220	20.6

续表

纤维种类	织物面密度/(g/m²)	极限氧指数/%
腈纶	220	18.2
维纶	220	19.7
丙纶	220	18.6
棉	220	20.1
棉（防火整理）	153	26～30

四、纤维的吸湿性能

纤维的吸湿性能对服装的穿着舒适性影响甚大，如纤维的回潮率（表2-7）。纤维的吸湿放热现象还助于提高服装适应低温高湿的环境条件（表2-8）。

表2-7　常见纤维的公定回潮率（相对湿度65%±2%、温度20℃±2℃）

纤维种类	公定回潮率/%	纤维种类	公定回潮率/%
棉	8.5	氯纶	0
棉纱线	8.5	丙纶	0
羊毛	15.0	涤纶	0.4
分梳山羊绒	17.0	腈纶	2.0
兔毛	15.0	锦纶6、锦纶66、锦纶11	4.5
桑蚕丝	11.0	维纶	5.0
柞蚕丝	11.0	醋酯纤维	7.0
苎麻	12.0	铜氨纤维	13.0
亚麻	12.0	黏胶纤维	13.0

表2-8　常见纤维的润湿热　　　　　　　　单位：J/g

纤维种类	干纤维润湿热	纤维种类	干纤维润湿热
棉	46.1	黏胶纤维	104.7
羊毛	112.6	锦纶	31.4
蚕丝	69.1	涤纶	5.4
黄麻	83.3	维纶	35.2
亚麻	54.4	腈纶	7.1
苎麻	46.5		

注：润湿热指1g干燥的纤维吸湿到完全润湿所放出的总热量。

五、纤维的耐化学品性能

纤维的耐化学品性能是服装能够抵抗各种化学药剂破坏能力的根本（表2-9、表2-10）。

表2-9　常用合成纤维的耐化学品性能

纤维	耐酸性	耐碱性	耐溶剂性	染色性
锦纶6	16%的浓盐酸、浓硫酸、浓硝酸可使其部分分解而溶解	50%的苛性钠溶液或28%氨水也不会影响其强度	不溶于一般溶剂，但溶于酚类和浓蚁酸；冰醋酸内膨润、加热可致其溶解	可用分散染料、酸性染料染色，其它染料也可以用
锦纶66	耐弱酸，溶于并部分分解于浓盐酸、硝酸和硫酸中	室温下耐碱性良好，60℃以上时，碱对纤维有破坏作用	不溶于一般溶剂，但溶于某些酸类化合物和90%的甲酸中	可用酸性染料、分散染料、金属络合染料及其它染料染色

续表

纤维	耐酸性	耐碱性	耐溶剂性	染色性
涤纶	35％盐酸、75％硫酸、60％硝酸对其强度无影响,96％硫酸中会分解	10％苛性钠溶液、28％氨水中强度不受影响;遇强碱时分解	不溶于一般溶剂,能溶于热间甲酚、热二甲基甲酰胺及40℃的苯酚-四氯乙烷混合溶液	可用分散染料、色酚染料、还原染料、可溶性染料进行载体染色,或高温高压染色
腈纶	35％盐酸、65％硫酸、45％硝酸对其强度无影响	50％苛性钠溶液、28％氨水中强度不受影响	不溶于一般溶剂,能溶于二甲基甲酰胺、热饱和氯化锌、65％热硫氰酸钾溶液中	可用分散染料、阳离子染料、碱性及酸性染料,或其它染料染色
维纶	10％盐酸、30％硫酸对纤维强度无影响。浓盐酸、浓硫酸、浓硝酸能使其膨润或分解	50％苛性钠溶液中强度无影响	不溶于一般溶剂,在酚、热吡啶、甲酚、浓蚁酸中膨润或分解	可用直接染料、酸性染料、硫化染料、还原染料、可溶性还原染料、色酚染料、分散染料等
丙纶	耐酸性优良,氯磺酸、浓硝酸和某些氧化剂除外	耐碱性优良	不溶于脂肪醇、甘油、乙醚、二硫化碳和丙酮中,室温下在氯化烃中膨润,在72～80℃溶解	可用分散染料、酸性染料、某些还原染料、硫化染料和偶氮染料

表 2-10　常见纤维的染色性能

染料种类	棉、黏纤	蚕丝、羊毛	醋酯纤维	锦纶	涤纶	腈纶	维纶
直接染料	可染	不常用	很困难	不常用	很困难	很困难	不常用
盐基染料	不常用	可染	不常用	不常用	很困难	可染	不常用
酸性染料	很困难	可染	不常用	可染	很困难	可染	不常用
酸性媒染料	很困难	可染	很困难	可染	很困难	不常用	不常用
还原染料	可染	不常用	不常用	不常用	不常用	不常用	可染
硫化染料	可染	很困难	很困难	不常用	很困难	很困难	可染
纳夫妥染料	可染	可染	可染	可染	不常用	不常用	可染
反应性染料	可染	很困难	很困难	不常用	很困难	很困难	不常用
分散性染料	很困难	可染	可染	可染	可染	可染	可染

六、纤维的生物学性能

纤维的生物学性能关系到服装的日常保养和管护,如纤维抵抗虫蛀和微生物的能力(表 2-11)。

表 2-11　常见纤维的生物学性能

纤维种类	抗虫蛀	抗微生物	纤维种类	抗虫蛀	抗微生物
棉	较弱	弱	腈纶	强	强
羊毛	很弱	较弱	锦纶	强	很强
蚕丝	很弱	弱	维纶	强	很强
黏胶纤维	强	弱	氯纶	很强	强
醋酯纤维	强	稍有变色	偏氯纶	很强	强
涤纶	强	很强			

综上所述,纤维的各种性能或多或少地都能影响到服装的加工性能和服用性能,除了上述列表的纤维性能外,纤维的耐气候性、纤维的表面性能、纤维的电学性能等对服装的服用性能和加工性能也会造成比较大的影响。因此,深入了解纤维的性能对服装面料工艺设计和

制作工艺设计会有很大的帮助。

第二节 服装面料的感性指标

服装面料的手感和外观不仅影响服装的穿着舒适性（生理和心理两方面，手感影响生理舒适度，外观影响心理舒适度），而且还会影响服装造型和保型性能。

一、服装面料的手感指标

服装面料的手感是指触摸或攥握服装面料时，人手接受面料物理性能的刺激并作用于人脑而产生的对于服装面料特性的综合判断。面料手感包括柔软度、光滑度、丰满度、摩擦感等多个特性方面的定性描述，与面料低应力作用下的力学性能和表面性能关系密切。服装面料手感的评定包括主观评定和客观评定两个方面。

（一）服装面料手感的主观评定方法

服装面料手感的主观评定方法，是由有经验的人员用手接触面料后，给出自己的评价。这种方法虽然简便，但因受评判人员个人生理和心理因素影响较大，而且结果会因时、因地、因人而异，可重复性差，具有局限性。

日本的 Kawabata 在 20 世纪 70 年代提出面料手感可以从两个方面给出评价，一是基本手感（Hand Value），即人对面料的触觉感受；二是用途的适宜性，即服用者对服装用途的总体感觉（Total Hand Value，综合手感）（表 2-12、表 2-13）。

表 2-12 不同类别服装面料的基本手感

服装面料类别	薄型女装面料	中厚女装面料	夏季男西服面料	冬季男西服面料
基本手感	硬挺度	硬挺度	硬挺度	硬挺度
	抗悬垂度	光滑度	光滑度	光滑度
	光滑度	丰满度	抗悬垂度	丰满度
	丰满度	柔软度	丰满度	
	丝鸣			

表 2-13 夏季和冬季男西服面料综合手感中基本手感的权重

夏季男西服面料		冬季男西服面料	
基本手感	权重/%	基本手感	权重/%
硬挺度＋抗悬垂度	30	硬挺度	25
干爽度	35	光滑度	30
丰满度	10	丰满度	20
外观	20	外观	15
其它	5	其它	10

（二）服装面料手感的客观评定方法

针对服装面料的低应力学性能和表面性能，Kawabata 研制开发出了整套测试仪器 KES-

F 系统，用于服装面料手感的客观评定。KES-F 系统包括拉伸-剪切试验仪（KES-F1）、弯曲试验仪（KES-F2）、压缩试验仪（KES-F3）和表面性能试验仪（KES-F4）（表 2-14）。

表 2-14 KES-F 系统测试面料的物理力学指标

性能	符号	单位	物理意义	测试仪
拉伸性能	LT WT RT	— cN·cm/cm^2 %	拉伸线性度 拉伸功 拉伸恢复率	KES-F1
剪切性能	G $2HG$ $2HG5$	cN/[cm·(°)] cN/cm cN/cm	剪切刚度 剪切滞后矩 剪切滞后矩	KES-F1
弯曲性能	B $2HB$	cN·cm^2/cm cN·cm/cm	弯曲刚度 弯曲滞后矩	KES-F2
压缩性能	LC WC RC	— cN·cm/cm^2 %	压缩线性度 压缩功 压缩恢复率	KES-F3
表面性能	MIU MMD SMD	— — μm	平均摩擦系数 摩擦系数平均偏差 表面粗糙度	KES-F4
厚重特性	T_0 W	Mm g/m^2	0.049kPa 压力时的厚度 单位面积重量	KES-F3 天平

KES-F 系统的基本手感 HV 分为 0~10 共十一个级别，零分最差，10 分为优秀。综合手感 THV 分为 0~5 共六个等级，零分为极差无法使用，5 分为优秀。KES-F 系统对面料的十六项指标用评分的方法进行了量化，使评价数据更客观，尽量减少了人为不确定因素的干扰。

除了上述的测试仪器之外，澳大利亚研发的 FAST 织物风格测试仪器以及国产的同类设备也得到广泛应用。

二、服装面料的外观指标

服装面料的外观指标很重要，如面料平整度、挺括度、悬垂性、蓬松度、时尚度、色彩、花纹、图案等。服装面料的外观通常给人以最直接的视觉冲击。外观较好、有特色的面料会受到消费者的欢迎和喜爱，有助于提升消费者的形象和品位（图 2-1、图 2-2）。

(a) 展会现场　　　　　　　　　　(b) 面料入围评审

图 2-1　2014 春夏流行面料展会一角

(a) 男士混搭风格　　　　　　　　　　　　(b) 女士透视装风格

图 2-2　2014 春夏流行面料服装应用

第三节 **服装面料虚拟工艺设计方法**

现代服装面料的工艺设计已基本摆脱了传统打小样的方法，而广泛采用虚拟设计技术和手段，消耗少而且效率高，事半功倍。在此就几款面料工艺设计软件的特点作一介绍。

一、Texpro Design CAD 的面料工艺应用特色

Texpro 系统是由韩国 Young Woo 公司开发的纺织服装工业设计软件，广泛应用于织物设计、配色设计、款式设计等领域。该系统在许多国家和地区得到应用。

（一）突出特色之一

Texpro 系统在面料组织结构设计方面的突出特色之一，表现为易学好用，其设计思路与传统方法一致，操作更方便（图 2-3）。

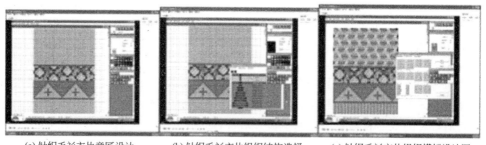

(a) 针织毛衫衣片意匠设计　　　(b) 针织毛衫衣片组织结构选择　　　(c) 针织毛衫衣片组织模拟设计图

图 2-3　Texpro 系统 Knit 模块功能图示（针织意匠图设计和组织转换窗口）

（二）突出特色之二

Texpro 系统在面料组织结构设计方面的突出特色之二，表现为纱线调换和混色操作效率高，效果逼真（图 2-4）。

（三）突出特色之三

Texpro 系统在面料组织结构设计方面的突出特色之三，表现为面料花稿设计速度快、

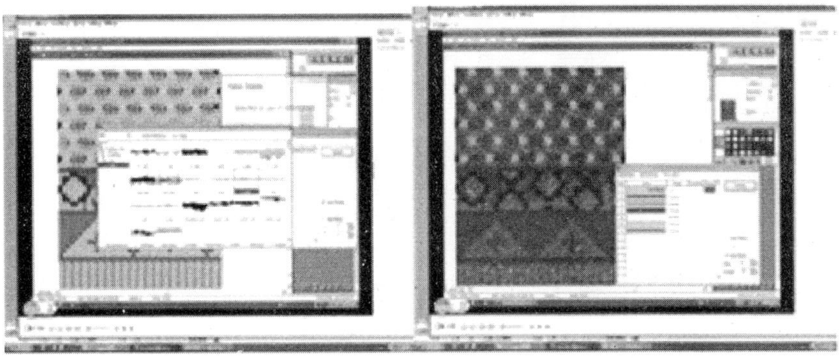

(a) 纱线更换操作　　　　　　(b) 粗纱换细纱且混色后的效果

图 2-4　纱线混色和粗细调整操作图示

系列化，材质模拟效果立竿见影（图 2-5）。

(a) 花稿设计图示　　　　(b) 色彩搭配设计　　　　(c) 材质模拟操作图示

图 2-5　花稿设计、调色及材质模拟图示

（四）突出特色之四

Texpro 系统在面料组织结构设计方面的突出特色之四，表现为可快速获得设计面料的服装效果图和试穿模拟效果（图 2-6）。

(a) 面料设计　　　　　　(b) 服装效果图　　　　　(c) 面料三维模拟结果图示

图 2-6　设计面料的服装效果和试穿模拟效果

二、PGM 系统的面料工艺应用特色

PGM 设计系统的最新版本，其功能非常强大，在许多方面有令人惊艳的表现。在这里列出以下一些和面料工艺设计有关的突出特点。

（一）材质的逼真模拟

PGM 系统在服装面料的材质模拟方面，表现相当优秀和逼真，其效果更直观（图 2-7）。

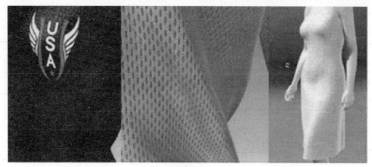

(a) 皮纹面料模拟效果　　(b) 针织网眼布模拟效果　　(c) 麻类梭织面料服装模拟效果

图 2-7　PGM 系统面料纹理（肌理）模拟效果

（二）面料的动态展示

PGM 系统的面料动态感觉模拟效果也非常出色，甚至可以虚拟出一场 T 台秀，服装随人体活动及光影变化效果非常逼真（图 2-8）。

(a) 运球　　　　　　　(b) 跑步　　　　　　　(c) 上篮

图 2-8　虚拟场景中的身穿运动服装的运动员运球上篮效果

（三）服装穿着时面料动态压力测试（模拟）

PGM 系统还提供了服装面料动态压力测试的功能，可以直观地看到虚拟模特动作时，服装面料对于人体产生的动态压力变化。穿着部位较紧的区域表示面料压力较大，穿着部位较松的区域表示面料压力较小。图 2-9 为动态压力测试图示。

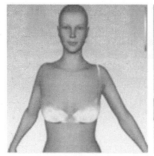

(a) 穿着较紧时的动态压力变化　　(b) 穿着较松时的动态压力变化

图 2-9　服装面料动态压力测试

（四）可任意调整的虚拟模特及试衣技术

PGM 系统的虚拟模特，其体型和姿态的调节非常灵活，而且可以全方位地自如旋转。

除了表情变化不大之外，几乎找不出什么缺点（图 2-10、图 2-11）。

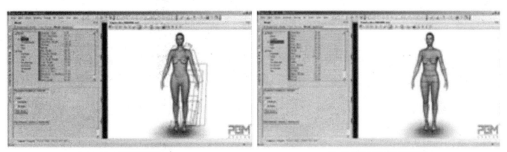

(a) 尺寸可调整部位   (b) 身体围度可调整位置

图 2-10 虚拟模特调整窗口

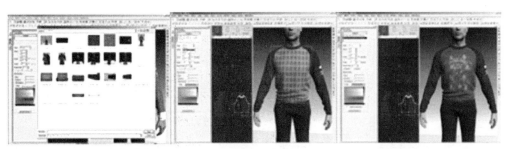

(a) 选配面料和局部组织结构   (b) 选配组织花型   (c) 毛衣前胸选配贴图

图 2-11 虚拟模特试穿不同面料的毛衣效果图示

三、面料再造工艺及方法

服装面料再造是指面料经过再次设计和改造的工艺设计方法。面料作为服装工艺设计的要素之一，经过二次工艺设计之后，会呈现出丰富的肌理和炫目的色彩。许多平淡无华的面料经过再造后在服饰上的应用给人以耳目一新的感觉。面料二次设计自古就有，如刺绣工艺、服装的装饰性贴边等。

面料二次设计一般可归为三种，即加法设计、减法设计和印染工艺方法等。

（一）面料再造之加法设计

面料再造加法设计包括刺绣、缀珠片等饰品、扎结绳、褶裥和各种手缝工艺运用（如绗缝、皱缩缝、细褶缝、裥饰缝、装饰线迹接缝等）（图 2-12、图 2-13）。

图 2-12 再造面料及服装应用

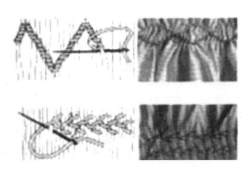

图 2-13 丝绸褶饰面料绣缝

（二）面料再造之减法设计

面料再造减法设计包括镂空、烧洞、撕破、磨损、水洗、腐蚀等工艺（图 2-14、图 2-15）。

图 2-14　面料镂空设计（剪破，可用激光
切割、雕刻和镂空处理）

图 2-15　牛仔裤激光做旧工艺处理效果

（三）面料再造之印染工艺方法

面料再造设计采用印染等工艺设计包括印染、手绘、扎染、蜡染、数码喷绘、异常拼接等，这些工艺方法实际应用也很普遍（图 2-16）。

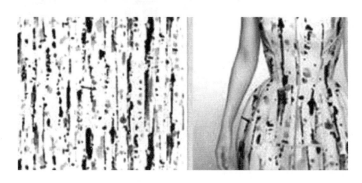

图 2-16　手绘再造面料和服装应用

四、服装面料 CAD 方法的优点

服装面料 CAD 方法为服装工艺设计提供了高效而稳定的质量保证。除了需要配置合适的计算机、彩色扫描仪、彩色喷墨打印机、数码相机、压力光笔等设备，其他消耗甚少。其优点有以下几方面。

（一）精确性高

计算机效果图在尺寸、色彩、面料及款式的细节交待等方面具有较高的精确性，可以较真实地反映服装的特点。例如在色彩方面，企业标准色可用通常的"RGB"或"CMYK"数值来定义。在计算机中只需输入相应的数值，便可与企业标准色保持精确一致。

（二）容易调用或存储

手绘效果图不易保存和复制，而计算机效果图可存储在计算机里，保存方便，需要时可随意调用，还可以不失真地大量复制、输出和应用，并能通过网络传递和传播。

（三）方便修改和应用

存储在计算机中的服装工艺设计效果图可随时调用修改，尽可能达到客户满意。而手绘设计方案则很难满足客户的改动和调整意图。

（四）快捷的反应速度

采用计算机辅助设计可以使设计者在极短的时间内完成修改、重复、替换元素等繁琐的工作，而且可随时激发设计者的灵感，有助于设计方案的整体构思。其时间效率令手工设计望尘莫及。

（五）庞大且高效的资源库储备

利用计算机强大的信息储存功能，可以将常用素材收集、整理和分类存储。需要时可直接从计算机资料库中反复调用。

（六）设计者得力的助手

服装面料 CAD 方法弥补了许多设计师绘画能力的不足，并为服装设计者开辟了一条奇丽的捷径。即便是绘画基本功较弱，只要有好的设计构思，借助计算机强大的绘图功能，也可以设计出专业级的服装效果图，并充分表达其创意。计算机虚拟技术在服装设计中的应用，促进了服装设计从技能型向创意型的转变，这也是工艺设计发展的必然趋势。

（七）网络传播功能

服装面料 CAD 方法可以帮助服装工艺设计师借助网络技术的发展来传播自己的设计理念和作品，省时省力地达成交易意向，能帮助设计者最快最准确地掌握各种最新、最流行的时尚信息，包括款式、色彩、面料等，并将之运用到服装工艺设计中。还可以帮助营销人员更好地拓展市场。

第四节　服装面料的选择和服装应用

服装种类繁多，不同的服装需要选择不同的面料。总体来说，梭织面料和针织面料一直是服装使用的两大类主要面料。无论服装如何分类，每一种服装都有特定的消费群体，因此，服装面料的选择必须要考虑其特定消费群体的面料偏好和实际穿着需要。图 2-17 为雅戈尔品牌的服装店面展示，其严谨而气度不凡的氛围，使人很容易联想到事业蒸蒸日上、人生充满成功机遇和挑战，其特定消费人群的定位也不言自明。

图 2-17　雅戈尔服装店面展示

（一）梭织面料的选择和服装运用

梭织面料主要用于外衣的穿着，面料应用包括男士西装、夹克、女士套装、衬衫、裙装、风衣等（图2-18）。

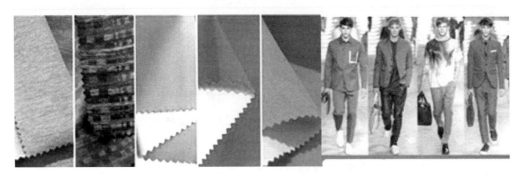

图 2-18　2014 春夏流行梭织面料及服装

西装外形需要挺括、大方，在梭织面料质地的选择上应该对硬挺度和弹性回复能力有较高要求，面料要纹路细腻、光泽悦目，颜色持重，这样更容易形成精致、稳重、沉着的服装风格。因此，高档男士西装经常选用精纺机织羊毛面料，当然，机织羊毛混纺面料、机织涤纶仿毛面料在西服生产中也有较多应用。

夹克和风衣的穿着季节基本相同，功能也类似，在面料选择上都需要选择透气性小、防风效果好、有一定形态稳定性和保暖作用的面料，如卡其布、华达呢、厚府绸、直贡呢、厚型的尼龙塔夫绸和涤纶塔夫绸等。

女士套装既要求服装外形有较好的挺括度，又要有一定的柔美曲线，在面料选择上，手感要柔软且富有弹性，光泽度要好，丝缕要细腻，面料还得有一定身骨，这样才能使服装满足精致、含蓄、稳重的风格要求。高档女士套装面料主要采用梭织精纺羊毛面料和薄型粗纺花呢面料，如啥味呢、哔叽、精纺花呢和女衣呢等。女士套装面料可选用梭织羊毛混纺面料、梭织涤纶纺毛面料和中厚型紧密针织面料等。

衬衫种类很多，一般贴身或近身穿着，对面料的舒适性要求较高，手感要柔软，吸湿性要好，还要有耐水洗性。女士衬衫风格呈多样化特点，裁剪合体干练的衬衫一般选用薄型纯棉或棉混梭织面料，最常用的如府绸；休闲类的衬衫一般采用色织条格面料，如中平布、斜纹布、细纺、哔叽、细条灯芯绒等纯棉、涤棉、棉麻类面料；飘逸洒脱的衬衫一般采用真丝双绉、乔其纱、真丝绉缎、电力纺、雪纺等面料。男士衬衫一般分正装配套衬衫和休闲衬衫。正装衬衫通常采用素色或淡雅的条格面料，质地以高支精梳纯棉府绸为主，也可选涤棉混纺或牛津纺等面料；休闲衬衫一般采用手感柔软、吸湿性好的纯棉、涤棉混纺、棉毛混纺、棉麻混纺、麻黏混纺等面料，如斜纹布、中平布、细平布、哔叽、细条灯芯绒等。

（二）针织面料的选择和服装运用

针织服装在家用、休闲、运动服装方面具有独特优势，随着设备和染整后处理技术的不断发展以及原料应用的多样化，现代针织服装设计和产品开发已步入多功能和高档化的发展阶段，在整个服装产业中已占有相当重要的地位，并拥有广阔的市场前景。针织面料和服装应用呈现出功能化、轻薄化、外衣化、时尚化的特点。吸湿透气、保健保暖、安全防护、易于护理等功能性需求为针织服装的功能化设计提供了许多新的设计要素；高科技技术的应用使得针织服装在功能增强的情况下可减轻织物的重量，实现轻薄化和舒适性的完美结合；针织服装外衣化倾向也越来越明显，而且不断融入新的时尚元素以迎合潮流趋势；绿色环保纤维的大量应用使针织服装更加受到人们的喜爱（图2-19）。

图 2-19　2014 春夏流行针织面料的服装应用

适合秋冬季的针织面料也有许多，一般为中厚型针织面料，克重均超过 200g/m² （图 2-20～图 2-23）。

正面　　　　　　反面

图 2-20　迷宫印花贴合超细摇粒绒面料

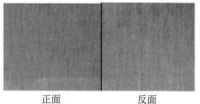

正面　　　　　　反面

图 2-21　水彩弹力绒

正面　　　　　　反面

图 2-22　巷陌青苔仿生设计面料

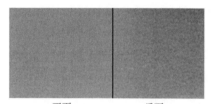

正面　　　　　　反面

图 2-23　两色双面超细复合摇粒绒

? 思考题

1. 影响服装面料性能的主要因素有哪些？
2. 服装面料的感观指标有哪些？如何测试？
3. 服装面料虚拟工艺设计系统有哪些？有何特点？
4. 服装面料 CAD 有哪些优点？
5. 服装面料如何选择？

第三章

服装生产准备

服装生产准备工作较多，涉及许多方面，准备工作是否到位往往决定一个服装项目或商品企划的成功与否。比如，服装面料的品质在很大程度上直接决定服装成品的质量。服装面料在生产、运输和搬运过程中容易受到拉伸或挤压，或者受加工方式的影响，或者受气候的影响，往往会产生许多不确定性的变形或出现质量差异的情况，如不能及时发现面料存在的这些问题，做成服装之后，将对服装质量造成无法挽回的损失。

第一节　面辅料检验工序及要求

服装面料产生的问题，主要和以下 3 个方面的原因有关。

① 生产加工方面的原因，如色差、纬斜、织疵等。

② 运输或搬移过程中的问题，如拉伸、挤压、沾污等。

③ 气候条件变化的问题，如温湿度的变化、南北方地区气候的差异等。

因此，在服装面料加工之前，必须放置足够长的时间，经过充分的恢复和气候适应调整，才能保证裁剪工序完成后的衣片不容易发生变形。为了保证服装品质，辅料质量的检验也同等重要。

一、服装面料的工艺质量要求

服装所用面料的颜色要均匀一致并符合色牢度要求，花纹图案要清晰，有一定幅宽和匹长，服用性和耐用性良好，各项性能指标均符合使用要求。

（一）面料质量的一般要求

面料质量一般有以下几个要求。

（1）面料的前后色差、左右色差应符合要求。面料色差与确认样品相比必须达到四级以上。同一批面料色差不得低于四级。

（2）面料的纬斜或纬弧应小于 2%～3%。

（3）面料 83.6m² （100 平方码）疵点评分应小于 30 或 40。

（4）面料的染色牢度、缩水率等测试符合标准要求。

（5）面料的外观和手感必须和客户要求样品一致。

（6）面料的组织规格符合订单要求。

（7）面料匹长和幅宽等符合订单要求。

（8）面料还应符合客户订单注明的其他要求事项。

（二）面料品质控制的一般内容

影响面料品质的主要因素包括外观疵点、规格参数、色牢度指标以及面料性能等。

1. 面料外观疵病及检验

服装面料根据其疵病形成的特点，主要有纱疵、织疵和后整理疵点等几类；根据疵病的影响程度又分为局部疵点和散布性疵点。如果疵病处理不当，会直接影响服装的美观效果，严重时甚至影响到服装的使用价值和产品寿命。常见面料存在的疵病现象见表 3-1。

表 3-1　常见面料存在的疵病现象

面料种类		疵 病 现 象
梭织面料	棉型面料	边疵、破洞、狭幅、斑渍、稀弄、密路、错纱、跳花、吊经、吊纬、双纬、百脚、错纹、霉斑、棉结杂质、条干不匀、竹节纱、色差、色花、纬斜、横档等
	毛型面料	经档、缺经、厚薄档、错纹、跳花、蛛网、色花、沾色、色差、呢面歪斜、发毛、光泽不良、露底、折痕、污渍、边道不良、吊纱等
	麻型面料	粗经、错纬、双经、双纬、条干不匀、破边破洞、跳花、顶绞、稀弄、油渍、锈渍、蛛网、断疵、荷叶边等
	丝型面料	浆柳、箱柳、经柳、断通丝、断把吊、紧懈线、绞路、松紧档、缺经、断纬、错经、叠纬、跳梭、斑渍、卷边、倒绒、厚薄绒、横折印等
针织面料		横条、纵条、云斑、厚薄档、色花、接头不良、油针、断纱、破洞、毛针、毛丝、花针、稀路针、漏针、三角眼、错纹、纵横歪斜、油污、色差、搭色、露底、幅宽不一等

面料外观疵病的检验可按有关国家标准规定的评分法判定。国际贸易中通常采用实用性和可操作性很强的"四分制"检验方法（表 3-2）。

表 3-2　"四分制"扣分标准

疵点尺寸	扣分标准
疵病尺寸＜7.62cm(3 英寸)	1
7.62cm(3 英寸)≤疵病尺寸＜15.24cm(6 英寸)	2
15.24cm(6 英寸)≤疵病尺寸＜22.86cm(9 英寸)	3
疵病尺寸≥22.86cm(9 英寸)	4

面料的品质状况用 K 值表示，可依据 83.6m^2（100 平方码）面料上的疵点扣分累计情况通过以下公式换算得出。

$$机织物\ K\ 值 = \frac{疵点累计扣分 \times 36}{所验布匹长度（码） \times 幅宽} \times 100\%$$

$$针织物\ K\ 值 = \frac{疵点累计扣分 \times 面密度（g/平方码）}{所验布匹的重量（g）} \times 100\%$$

一般情况下，常规面料的 K 值应不高于 25%，生产难度大的面料 K 值可控制在 25%～30% 范围内。K 值越低，说明疵病越少，面料品质也较高。

2. 面料规格参数及检验

服装面料的性能、风格、织物结构、外形规格等指标对服装质量有决定性影响。经验布机（照度一般为 750Lx）检验的面料，应在松弛的状态下在温度 (20±2)℃、相对湿度 (65±2)% 的标准环境下放置 24h 以上。

（1）面料幅宽指标。面料幅宽对排料方案和面料利用率等影响甚大，如果幅宽低于标准要求值时通常会做降等处理。面料长度不同实测次数也不同，一般 5m 以上的面料至少测试 5 次幅宽再求平均值，而小于 5m 长的面料至少测 4 次幅宽再求平均值，小于 0.5m 长的面料或被测面料靠近首尾较近位置不做幅宽指标测量对象。

（2）面料匹长指标。面料匹长对排料效率影响较大。面料匹长越长对服装生产越有利，对面料生产商要求也越高。有时面料商会为了满足最小匹长要求，对一些疵点不开剪，仅会在布边挂一根色线作为疵点标记，俗称"假开剪"。为了保证排料效率，面料匹长一般要长于 27.4m（30 码），假开剪的数量要符合订单要求，且布头、布尾 4.6m（5 码）以内不能有假开剪。卷装面料的匹长在验布机上复核，可精确到 mm。折叠包装的面料可在折叠面料中部测量，为了减小误差，小于 120m 长的面料可均匀测试 3 次再求平均值，超过 120m 长的面料应均匀地测试 5 次再求平均值。

（3）面料重量指标。面料的重量指标主要指面料的面密度，即单位面积内面料的克重。面密度差别大的面料其挺括度、悬垂性和风格特点差异明显，其价格也有很大差别。

（4）经纬密度与紧度。经纬密度与紧度也是影响面料质量和加工性能以及服装品质的重要因素。像勾丝、劈缝、拔丝等工艺操作都会受到面料密度和紧度的直接影响。染整前后的面料在经纬密度上有较大变化，一般经密会增加，纬密会减小。如果面料经纬密度不符合要求将被降等处理。

3. 色牢度指标

色泽、色差及染色牢度等指标对服装的整体效果影响显著。对色光变化比较敏感的人，很容易就能识别出轻微的颜色和色光变化，色牢度不好的面料因直接影响穿着的外观效果而缺乏使用价值。通常面料与确认样的色差要达到四级以上才能符合要求。当然，面料色光的耐洗性、耐热性、耐日晒牢度等指标也是影响服装使用价值的重要因素。

服装面料的颜色测量主要有目测和仪器测量两类方法。目测时依据标准色卡，利用比较法进行；仪器测量主要使用分光光度计或光电测色计。在面料颜色、色光、色差的检验中，因为光源、气候、地点、时间等条件的变化，对测定结果的准确性有较大影响，所以需要使用标准的人造光源和在相对稳定的环境中测量。

服装面料的色牢度检测主要包括熨烫色牢度（染料热升华牢度）、日晒牢度、摩擦牢度、汗渍牢度、皂洗牢度、耐洗涤牢度等。一般染色牢度、熨烫色牢度分成五级，日晒牢度分成八级，级别越高牢度越好。服装用途不同，对其色牢度要求也不同。如内衣的汗渍牢度和皂洗牢度要求较高，而外衣的日晒牢度、摩擦牢度、耐洗涤牢度较高。具体测试方法和步骤可参考有关国家标准执行。

4. 影响服装外观的面料性能指标

对服装外观影响比较大的面料性能指标主要有伸缩率指标、强度指标和强伸度指标等。

（1）伸缩率指标。服装面料的伸缩率指标直接影响服装成品的尺寸稳定性。引起面料伸缩变化的原因很多，如服装穿着过程中受拉伸作用尺寸会变大，洗涤后尺寸又会出现收缩等现象。织物经水洗引起的尺寸改变称为缩水率。熨烫时也会引起织物的收缩，这种尺寸的改变通常称为熨缩率。总之，面料的伸缩性能不仅会造成服装尺寸的改变，还会因变形程度过大而影响服装的外观。如果服装面料、里料、衬料的伸缩率有较大差异时，会出现服装造型不平服，外观鼓泡、里子外露、反吐等现象，直接影响服装的质量。伸缩率指标可以用来衡量服装抵抗变形能力的强弱。

（2）强度指标。服装面料的强度指标一般指面料的拉伸强力指标和撕裂强度指标，主要用来衡量服装的耐用性以及适应环境的能力。对机织面料来说，一般分为经向拉伸或撕裂强度指标和纬向拉伸或撕裂强度指标；对针织物来说，需要测试织物的顶破强度指标。

（3）强伸度指标。强伸度指标是指服装面料在满足一定强度指标下的拉伸性能，可以用来衡量服装的抗破坏能力以及弹性恢复能力，即保型能力。

二、服装辅料的工艺质量要求

服装辅料包括里料、衬料、絮填料、口袋料、缝纫线、纽扣、拉链、商标、吊牌、价格牌等。服装辅料的质量好坏对服装整体质量的作用举足轻重。

（一）服装辅料质量的检查内容

（1）服装辅料的品号、规格、型号、数量是否正确无误。
（2）服装辅料的颜色是否正确无误。
（3）服装辅料的外观质量是否符合要求。

（二）服装辅料质量的检验项目要求

1. 里料

里料主要检验其缩水率与面料是否一致，颜色是否匹配，色差、色牢度及抗静电性能是否符合生产工艺要求。合成纤维里料的缩水率较低，而棉布里料的缩水率较高，黏纤里料的纬向缩水率较大。常见里料的缩水率要求见表3-3。

表 3-3 常见里料的缩水率要求

织物名称		缩水率不低于/%		
		经向		纬向
棉布里料	大整理及预缩织物	−5		−5
	标准大整理织物	−6		−5
合成纤维里料	涤纶丝织物	−1.0		−1.0
	锦纶丝织物	−2.0		−2.0
	交织合纤丝织物	−3.0		−3.5
真丝里料	一般织物	甲法	乙法	−2.0
		−3.0	−5.0	
黏纤里料	一般织物或交织物	甲法	乙法	−8.0
		−3.0	−5.0	

2. 黏合衬

黏合衬主要检验其剥离强度、缩水率、热缩率、耐干洗和水洗性能、热熔胶浸润和渗透性能等。

3. 填充材料

填充材料主要测试厚度、重量、压缩弹性等。羽绒填料（图3-1）还要测试其含绒量、蓬松度、微生物指标、耐洗色牢度等。

絮填料的种类繁杂，按原料类别可分为棉花、丝棉、羽绒、毛皮、驼毛、羊绒、腈纶棉等。在应用普遍的合成絮填材料中，还包括热熔型絮片、喷胶棉絮片、金属镀膜絮片、毛型复合絮片、远红外复合絮片等。羽绒服装保暖效果好、舒适轻盈；喷胶棉絮片作填料的服装

图 3-1　全自动称重充绒机

既轻盈又经济实用，而且容易加工和保管。

服装用羽绒填料品质要求较高，一般对绒含量、蓬松度、耗氧指数、清洁度、异味等级、微生物检测指标等有明确规定和要求。耗氧指数是指 100g 毛绒中含有的还原性物质，在一定条件下氧化时消耗氧气的毫克数。耗氧指数≤10 为合格，如超过，说明羽绒内杂质过多，容易引起各种细菌繁殖，对人体健康不利。异味等级一般分为四个等级，分别是无异味-0、极微弱-1、弱-2、明显-3。一般由专业人员抽取一定量的样品直接放入有盖无味的容器内，在干燥的状态下，依靠个人嗅觉感官判定其异味程度。通常有五名检验人员同时进行判定，当三人做出意见相同的异味判定结果，且评分超过 2 级时，被测样品判定为不合格，说明羽绒水洗加工有问题，不符合服用穿着要求。

喷胶棉絮片以涤纶短纤为主要原料，梳理成网后喷液体黏合剂粘合，再经热处理而成填料絮片。喷胶棉絮片的性能指标和喷胶棉絮片的外观质量指标见表 3-4、表 3-5。

表 3-4　喷胶棉絮片的性能指标

项目	规格 /(g/m²)	40	60	80	100	120	140	160	180	200	220	240-300
面密度偏差率/%	一等品	±7					±6				±5	
	合格品	±8					±7				±6	
幅宽偏差率/%	一等品	−1.5～+2.0										
	合格品	−2.0～+2.5										
蓬松度(比容)/(cm³/g)	一等品	70										
	合格品	60										
压缩弹性	压缩率/%	一等品	60										
		合格品	55										
	回复率/%	一等品	75										
		合格品	70										
保温率/%	—				50				65			
耐水洗性	—	水洗 3 次,不漏底,无明显破损、分层										

表 3-5　喷胶棉絮片的外观质量指标

项目	一等品	合格品
破边	不允许	深入布边 3cm 以内长 5cm 及以下每 20m 内允许 2 处
纤维分层		不明显
破洞		不允许
布面均匀性	均匀	无明显不均匀
油污斑渍	不允许	面积在 5cm² 及以下每 20m² 内允许 2 处
漏胶	不允许	不明显
拉手	不允许	不明显
拼接		每卷允许 1 次拼接,最短长度 5m

4. 纽扣类辅料（扣紧件的品质控制）

服装所用扣紧件有拉链、纽扣（图3-2）、钩环、尼龙搭扣及绳带等。扣紧件使用得当，不仅具有实用性，还具有装饰性。婴幼儿服装所用扣紧件的安全要求最高，若使用不当会造成小孩受伤，甚至有生命危险。

金属纽扣还需要测试镍含量、抗腐蚀性等；普通纽扣则需要测试耐热性、色牢度等指标。可以使用的纽扣种类有很多，根据服装特点而选择合适的纽扣很重要（图3-3）。

5. 线类和带类辅料

服装所用缝纫线需要测试其断裂强度、断裂伸长率、可缝性能等；带类辅料需要测试染色牢度、缩水率等；橡皮筋等弹性材料从加工至制作成衣前要进行预缩水和保持松弛。

图3-2 各种服装用纽扣

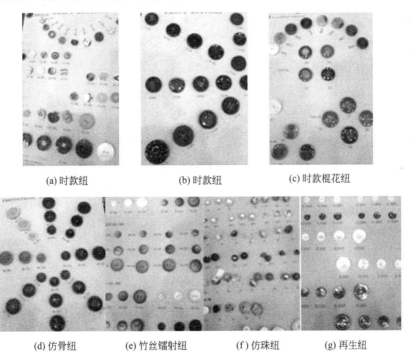

(a) 时款纽   (b) 时款纽   (c) 时款棍花纽

(d) 仿骨纽   (e) 竹丝镭射纽   (f) 仿珠纽   (g) 再生纽

图3-3 时装采用的部分常见纽扣类别

服装所用的线类和带类产品主要包括缝纫线、花边、松紧带、商标带、装饰绳等。

国家标准对缝纫线的技术指标有严格规定和要求，包括特数、股数、捻度、单纱强力及强力变异系数、染色牢度、沸水缩率、长度及允许公差、接头允许值以及外观疵点等，一般以评定结果最差项目作为评定缝纫线等级的依据，分为一等品、二等品和等外品。通常对缝纫线的测试指标侧重于缝线断裂强度和断裂伸长率、缩水率和可缝性能的检验。缝纫线的力学性能检验一般采用伸长型等速强力测试仪。

6. 拉链辅料

拉链类辅料要测试折拉强度、手拉强度等。

7. 标识类材料

标识类辅料用途不同，对其工艺质量要求也不同。如洗涤标签耐水洗性能要好，印字要清晰持久。

第二节 预缩工序及要求

为防止面料因受拉伸而产生弹性回缩，或者因回潮率变化等因素而产生收缩变形，从而影响服装外观，在对面料裁剪以前，对面料进行预缩处理十分必要。可先测定面料可能的变形情况，设定相应的预缩量，在预缩机上进行预缩处理，就可以有效减少加工后服装的不利变形。预缩机是面料机械预缩的整理设备，它在一定的温度、湿度和压力下，借助面料本身的弹性收缩变形以及织物和纤维的渗透与溶胀原理，消除面料的潜在收缩。

经过预缩的面料尺寸稳定、不易变形、便于缝制，同时还能提高面料的柔软度，保证服装产品的质量。服装生产中用到的面料95％都要进行预缩，而且有些面料还需经过烧毛及丝光处理。不需要预缩的面料只有天鹅绒面料、容易起毛的面料等极少部分。

一般情况下，预缩机可供纯棉、化纤、混纺、毛呢类面料预缩用。目前国内企业常用的预缩机有两种，即橡胶毯预缩设备和呢毯预缩设备。面料预缩一般要经过进布→给湿及喂布→预缩→烘干及冷却→落布工序。

通常对预缩设备的作用有以下一些功能上的要求。

一、自动进布功能

进布功能是靠进布架和存布器实现的。进布由电动机带动传动辊使布料顺利进入预缩设备。存布器由 J 型堆布槽、张力调节装置和吸边器组成。存布器可连续工作，并可测量面料收缩前的进布速度，吸边器可使出存布器的布不会走偏。

二、给湿及喂布功能

给湿及喂布功能由张力调节辊、传动辊、喷水给湿装置、喷汽烘筒来完成。张力调节辊和传动辊的调节，可实现进布超喂；喷水给湿装置可通过压力调节器控制给湿量；喷汽烘筒有孔洞构造并用化纤织物包裹，其喷出的蒸汽可使织物给湿充分和均匀。

三、预缩功能

主要预缩功能的实现是靠橡胶毯、橡胶毯压力辊、橡胶毯张力辊、橡胶毯毯边喷淋装置、橡胶毯承压辊、出橡胶毯张力调节辊、承压辊传动电动机等配合完成的。

橡胶毯由天然橡胶经特殊处理制成，有卓越持久的弹性及耐用性能，也是实现织物收缩的重要部件。

橡胶毯的宽度要大于所加工织物的宽度，与通蒸汽的承压辊直接接触的橡胶毯两边的温度会高于织物加工区域的橡胶毯中部温度，出现边中温差。毯边喷淋装置的作用就是调节橡胶毯运行过程中的边中温差的，这样可使橡胶毯工作性能稳定，使用寿命延长。承压辊、张力辊和压力辊分别作用形成了橡胶毯的张力和压力，为织物预缩加工提供了条件。

四、烘干及冷却功能

烘干功能由特制羊毛毯、大烘筒、小烘筒、大烘筒传动电动机、毛毯张力辊、毛毯调节辊等共同作用完成。羊毛毯和大烘筒的共同作用可使经橡胶毯预缩后的面料在几乎没有张力的条件下烘干,保持了面料预缩效果。小烘筒的作用可烘干羊毛毯;张力辊的作用可使羊毛毯保持一定张力;调节辊的作用可控制羊毛毯不走偏;传动电动机既可提供动力,也可产生超喂能力。

冷却功能是由电磁阀控制的两个水冷却筒来实现的,布面温度降低后不容易产生落布和堆置褶皱。

五、缩率、纬密自动测定功能

缩率、纬密自动测定功能是由缩前测速轮、缩后测速轮、缩前纬密测定器、缩后纬密测定器和电脑监控系统配合实现的。

第三节 铺布工序及要求

铺布质量的好坏,直接影响裁剪是否能顺利进行。

一、铺布时质量控制要求

1. 确定好铺布标记

铺布开始时,必须在铺布台头端、尾端以及布料衔接位置做好标记。

2. 保证布面平整度

保证铺布的布面平整是最基本的要求,应保证布面不出现褶皱、波纹等现象,注意纬斜与纬弯的及时矫正。

3. 铺布一侧布边对齐

各层铺布的里侧布边要上下垂直对齐,要避免因面料幅宽不一致导致不完整裁片出现。

4. 铺布头尾端对齐

每一层铺布的起始端即头端要对齐,尾端也应尽量整齐并略超过标记线。

5. 铺布对接与借疵

如一匹布不能铺完整数层时,在同一层与另一匹布进行衔接时,要根据排料图来选择面料纬向样板交错较少的部位,并做好标记。对铺料遇到的疵点应尽量避开裁片位置,对严重的疵点应开剪后进行布料衔接(图 3-4)。

图 3-4 面料疵点开剪后自动接布操作

图 3-5 法国力克 BRIO 无张力铺布设备

6. 铺布张力控制

铺布的面料应经过一定时间的充分放置，在铺布时不能施加过大的张力，以免面料受拉伸发生变形。对弹性面料要采用无张力铺布（图3-5）。

7. 布料丝缕控制

铺布时布料要放正，要检查铺布方向与裁床边缘是否平行。在保证铺布布边与头尾端符合工艺要求的情况下，还要用尺子对面料丝缕进行审查。

二、铺布的几种方式

常用的铺布方式主要有单方向单面铺布、单方向双面铺布和弓形铺布。

1. 单方向单面铺布

单方向单面铺布有两种情况，正面朝上单方向单面铺布和正面朝下方向单面铺布（图3-6）。

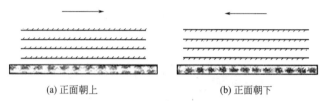

(a) 正面朝上　　　　　　　　(b) 正面朝下

图 3-6　单方向单面铺布的两种情况

2. 单方向双面铺布

单方向双面铺布也称正反铺布，指两层铺布正面相对地铺（图3-7）。

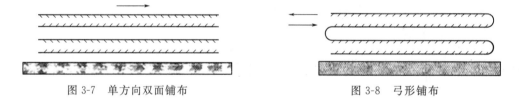

图 3-7　单方向双面铺布　　　　　　　图 3-8　弓形铺布

3. 弓形铺布

弓形铺布方式适合铺布层数不太多的小批量裁剪或样衣制作等（图3-8）。

第四节　服装生产的工艺流程

服装生产及工艺流程设计至关重要，合理及适应市场变化的流程设计往往会事半功倍。

一、服装生产的一般流程

服装生产的一般流程包括生产准备、裁剪工序、缝制工序、整理工序、包装物流等。不同的企业应根据市场需要，发挥自身优势，对服装生产做适应性的特色规划，扬长避短。比如耐克品牌、李宁品牌，这些知名服装企业都拥有自己的设计和市场优势，但他们都没有自己的服装加工厂。他们选择工艺精良的制衣企业作为自己的合作伙伴，来弥补自身的不足。不得不承认，耐克和李宁品牌都是很好的市场倾听者，服装消费的引导者。

总之，服装生产流程要根据企业自身的条件来设计和规划，才能使工艺流程的效率最高，效益最大化。

二、机织服装加工流程

服装加工企业如果选择机织面料作为主要原料，生产工艺流程则一般为面辅料进场检验→工艺技术准备→裁剪→缝制→锁眼钉扣→整烫→成衣检验→包装入库→物流分配。

三、针织服装加工流程

服装加工企业如果选择针织面料作为主要原料，生产工艺流程则一般为络纱→编织→染整→验布→预缩→裁剪→缝制→整烫→检验→包装入库→物流分配。

综上所述，服装生产的一般流程不是僵化的教条必须遵守，但它是服装生产最基本的依据。一个好的服装企业一定是在服装生产流程设计上有特色或有创新的企业。

? 思考题

1. 服装面料的工艺质量要求有哪些？
2. 服装辅料的工艺质量要求有哪些？
3. 一般对预缩设备有哪些功能上的要求？
4. 铺布时有哪些质量控制要求？
5. 如何理解服装生产流程的企业自身特色？

第四章

服装裁剪工艺

服装裁剪不仅影响服装的工艺质量，也直接影响服装生产组织的效率，其面料的利用率还会影响服装制成品的成本。

第一节 服装材料的有效切割

服装材料纷繁复杂，多种多样，不同的材料其切割性能差别甚大。比如化纤等热熔性织物需要电热裁剪方式会更好，而韧性好的面料压裁的效果较好，硬质材料则更适合圆刀切割等。

研究表明，服装材料切割时，最有效的切割力来自于和切割面平行的摩擦力，而与切割面垂直方向的压力可以增强切割的效果。对于不易切割的材料，还需要延长与切割摩擦力方向一致的刀具移动距离。我们都有过被纸片划伤手的经历，所以说切割面料的最好工具不一定只有刀具。我们见过有人在一定距离上用纸牌飞牌切断吊起黄瓜的表演，那说明有效的切割方式一定和速度有关系。

根据服装面料裁剪的不同方式，可将对服装面料的有效切割工艺分门别类，这样方便对面料裁剪的深入研究，而且有助于裁剪时选择合适的裁剪设备和工具。

一、切割刀具的运动方向和特征及其工艺用途

如果根据使用刀具的运动方向和运动特征（如速度快慢），可以将面料裁剪方式大致分为单向切割、往复切割、旋转切割和压力冲裁等。

（一）单向切割的特点及工艺用途

在服装面料进行精细裁剪时，一般会选择带刀单向裁剪方式。因为带刀在裁剪面料时只做单向运动，持续时间长而且连续，裁剪效果非常理想。带刀通常比较窄，转弯灵活，所以在服装裁片较复杂时也能适应，故而在裁剪衣领弧线、袖窿弧线时，很适合。

（二）往复切割的特点及工艺用途

在服装面料进行大片裁剪时，通常会选择直刀往复裁剪方式。直刀刀具切割服装面料时，垂直运动空间受限，需要往复运动来增加切割运动的移动距离。其速度越快，效果越好，适合切割抗剪切能力比较差的服装材料。根据材料特性的差异，也可选择合适的刀具（图4-1）。

图4-1（a）为波形刀刃直刀，在裁剪时可用于需要延长运动距离和增强剪切作用的情况；图4-1（b）为细牙刀刃直刀，可用在材料密度较高、有一定硬度，需要增强切割效果的情况中，如树脂衬布等；图4-1（c）为锯齿刀刃直刀，可用于材料硬度较高辅料的断料，如纺织

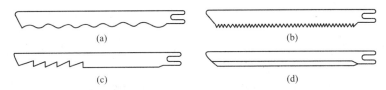

图 4-1　常用直刀刀刃形式

材料之外的其他材料等；图 4-1（d）为直线刀刃直刀，主要用于一般天然纤维材料的断料。因为往复切割需要不断改变方向，容易引起面料抖动而产生移位现象，所以裁剪时要格外注意。直刀往复裁剪最主要的用途还是面辅料大料的裁剪。

（三）旋转切割的特点及工艺用途

旋转切割可以说对服装材料的破坏力最强，也最有效。因为两点之间弧线较长的原因，弧线刀具比直线刀具在切割距离和速度上均占优势。圆刀在旋转时对面料的压紧作用也对裁剪稳定性起到很大帮助。多边形刀具用于旋转切割时可对弹性面料起到缓冲变形的作用，同时还增强了对面料的剪切作用。对多层面料裁剪而言，旋转切割所用刀具直线切割性能好而且稳定，但转弯不灵活，也不能保证多层裁片的一致性。

（四）压力冲裁的特点及工艺用途

根据面料切割时的速度高低，可将压力冲裁分为压裁和冲裁。压裁是一种低速下依靠压力完成面料裁剪的切割方式，冲裁是在较快速度的情况下完成面料压裁的切割方式。这种切割方式适用于韧性和拉伸性（延展性）较好的材料。无论压裁和冲裁均使用封闭式刀具，适合袋盖、袖口、口袋布、领子等形状复杂的小部件裁剪（图 4-2）。

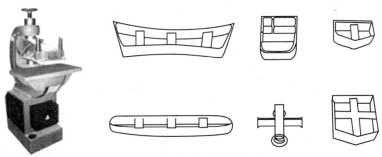

图 4-2　压裁设备及使用刀具

二、切割作用原理及工艺用途

根据切割作用原理，可将面料裁剪方式大致分为刀具摩擦切割、电热熔断切割和能量作用切割等。

（一）刀具摩擦切割的特点

刀具摩擦切割是利用服装材料物理机械性能一般的特点，采用力学原理将服装面料切割开来的一种方法。这种裁剪方式比较适合天然纤维面料的加工。

（二）电热熔断切割的特点

电热熔断切割是利用合成纤维不耐高温处理的性能特点，采用合成纤维热熔加工原理，将服装面料切割开来的一种方法。这种裁剪方式尤其适合热熔性面料的加工。

（三）能量作用切割的特点

能量作用切割是利用高能量集中释放和转化的特性，采用高能激光束或粒子流作用于材料将面料切割开来的一种方法。这种裁剪方式特别适合用于智能化自动裁剪技术的应用，其控制能力和加工品质一流。

除上述切割方式之外，还有水流切割、线切割等技术和工艺。

三、裁剪作业方式及适用场合

裁剪作业方式因使用的工具和设备不同有很大的差异。

（一）人工裁剪方式及适用条件

人工裁剪方式使用设备和工具简单，但对操作人员的技术能力要求较高，质量稳定性也差。在进行服装批量生产时，效率较低，容易出差错，因此只适合小规模作坊式生产。

（二）半自动裁剪方式及适用条件

半自动裁剪作业方式虽然使用设备代替了部分人工，提高了规模化生产效率和工艺质量，但不适合现代小批量、多品种的服装市场加工要求。而且这种裁剪作业方式会使服装加工时间延长，市场反应速度较慢。

（三）全自动裁剪方式及适用条件

相对其他裁剪作业方式，智能化自动裁剪作业方式有许多优势，不仅效率高、速度快，而且服装加工品质更容易控制。还可与服装数字化设备交换设计数据，服装工艺从设计到制作周期大大缩短，尤其适合产品不断更新变化的要求。在有对条、对格、对花等特殊工艺要求方面，智能化的全自动裁剪作业方式优势更加明显（图4-3、图4-4）。

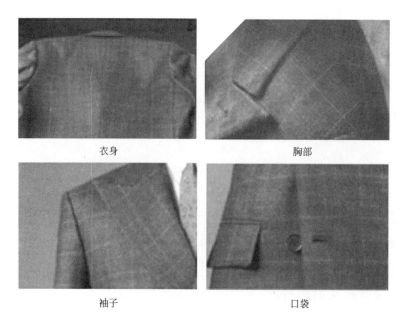

衣身　　　　　　　　　　　　　胸部

袖子　　　　　　　　　　　　　口袋

图4-3　西服对条对格工艺要求

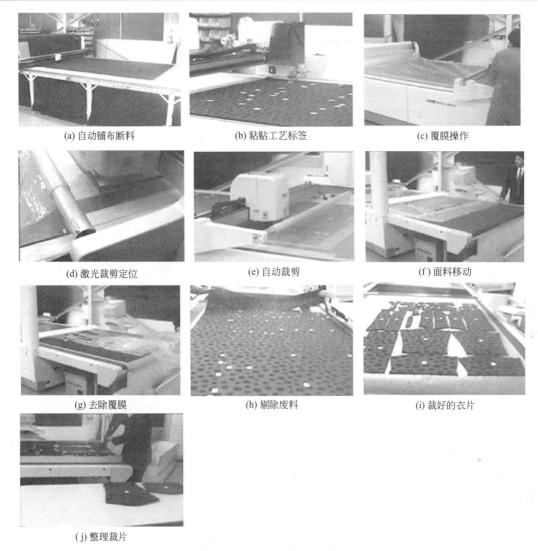

(a) 自动铺布断料　　　　　　(b) 粘贴工艺标签　　　　　　(c) 覆膜操作

(d) 激光裁剪定位　　　　　　(e) 自动裁剪　　　　　　(f) 面料移动

(g) 去除覆膜　　　　　　(h) 剔除废料　　　　　　(i) 裁好的衣片

(j) 整理裁片

图 4-4　自动裁床的生产过程

第二节　裁剪工艺技术难点的自动化解决方案

对条、对花、对格是服装裁剪的工艺技术难点，尤其是不规则面料的切割和需要"对花、对格"面料的多层切割。智能化的自动裁剪设备解决对条问题相对容易，而对花、对格的面料自动裁剪难度较大。目前大多数自动化裁剪设备在解决"对花、对格"问题时都借助了照相机、摄像机、红外线激光灯等设备，其硬件配置方面差别不大。关键在于软件系统对图片（或图像）的处理以及对裁剪系统运作的实时调整。比较成熟的裁剪系统有以下几种。

一、法国力克的 Mosaic 方案

力克自动裁床的 Mosaic 方案使用连结到显示器的高分辨率摄像机检查织物，会自动检测面料的实际花纹，分析扭曲情形，并根据布料的物理特性实时修改排料和裁片的几何性

质，自动进行计算和裁剪，即根据对花、对格的变化规律即时重新摆放裁片，这样在最终服装组合阶段可满足预先设定的条花对齐效果。

整个 Mosaic 方案中，Mosaic Expert 适用于经纬纱线扭曲的布料，可即时重新计算裁片几何摆放以进行排料，确保布纹被充分考虑，保证对花、对格的效果；Mosaic Automatic 自动化系统，能探测物料上的实际花色，分析扭曲情况并计算和裁剪，其自动化图案识别比肉眼更准确，整个过程完全自动化且易使用，能消除错误发生的风险，提高产品质量；Mosaic Rotation 即时重新生成排料图且根据织物特性优化裁片方向，适用于处理硬性或涂层或无法确定扭曲情况的布料。

二、美国格柏的 Invision 方案

美国格柏开发的 Invision 服装（时装）对花、对格系统，可提高条状、条纹、印花、格子面料制品的精确度和产量，它在裁床进行裁剪操作的同时，对条状、条纹、印花、格子面料进行对花、对格。这一系统通过补偿面料不规则性实现裁片"线对线"的精度，提高需对花、对格产品的最终质量（图4-5）。Invision 系统的对花、对格过程全部自动化，以避免人工或半自动操作中出现的错误。该系统通过智能化视像系统简化和提高对花对格、裁剪作业能力。

三、和鹰 X-CAM 裁剪方案

和鹰 X-CAM 裁剪方案为双向入料，在裁剪时可以不采用真空吸附装置，也无需覆膜裁剪。X-CAM 系统采用"投影式对花、对格系统"，在进行对花、对格裁剪时，系统首先将设定好的网格投射在面料上，以确认面料的倾斜程度，而后进行调整使投影网格与面料条格倾斜度相吻合。当投影网格与面料条格相一致后，系统会将制好版的裁片投影在面料上，然后根据裁片投影的位置在计算机中调整裁片，实现对花、对格（图4-6）。

图 4-5　配置格柏 Invision 系统的裁床　　　图 4-6　和鹰 X-CAM 台式裁剪系统

第三节　服装裁剪工艺要求

服装裁剪是一种不可逆的工艺过程，裁剪之前应严格按照工艺要求检查面料、样板、排料图、定位标记、铺料情况等，并严格执行"五核对、八不裁"的制度。

一、"五核对"的内容

（1）认真核对合同、款式、规格、型号、批号、数量和工艺单。

（2）认真核对原辅料等级、花型、倒顺、正反、数量、门幅等。

（3）认真核对样板数量是否齐全正确。

（4）认真核对原辅料定额和排料图是否齐全和完整。

（5）认真核对铺料层数和要求是否符合技术文件要求。

二、"八不裁"的内容

（1）没有缩率实验数据或数据不完整不明确的不裁。

（2）原辅料品质等级档次不符合要求的不裁。

（3）纬斜超规定的不裁。

（4）样板规格不准确、相关部位不吻合的不裁。

（5）色差、疵点、脏残超过标准或处理不当的不裁。

（6）样板不齐全或不明确的不裁。

（7）定额不齐全的不裁。

（8）技术要求不明确或有争议的不裁。

三、裁剪方式的选择和确认

根据前面对各种切割方式的分析，在服装面料裁剪时，应依据面料纤维组成特点，选用最有效的切割方式和裁剪设备，才能满足工艺的要求。就切割效果和裁剪工艺效率而言，现代服装生产在有条件的情况下，最好还是选用适应性最广的激光切割方式和智能化的自动裁剪设备。

激光裁剪比传统裁剪的优势明显。传统的金属刀具切割面料时有许多无法克服的弊病，如直刀往复切割时无法避免面料窜动，在切割合成纤维时更容易出问题；带刀裁剪还需要配备附属设备；圆刀裁剪用途有限；压裁刀具制作费用昂贵等。电热熔断切割在处理天然纤维时遇到的难题更多。而激光裁剪不受材料种类的局限，切割效果好且效率高。对聚酯或聚酰胺含量较高的面料来说，激光裁剪的优越性更加明显。因为激光能使这类面料裁剪的边缘轻微熔化，这样就形成了一种不会散边的熔接边缘，裁剪的边缘可以不加任何处理（无修剪止口和不折边）。激光裁剪技术以激光刀替代金属刀，再配以科学合理的机械设计，可以达到 40m/min 以上的切割速度，且运行平稳、切口精细光洁、功能强大，解决了电脑绣花、服装裁剪等领域在使用机械切割的生产过程中面临的诸多疑难问题。

此外，用普通刀具对皮质材料进行镂花，或在皮装表面雕刻出各种装饰文字或图案，加工非常困难，而采用激光裁剪技术不仅可以完成面料雕刻和特殊工艺效果的处理，还可在人造革材料上"雕刻"出肉眼难以察觉的众多微孔，从而大大改善材料的透气性和耐用性，并使产品档次得到提高（图 4-7）。

图 4-7 激光裁切设备

第四节 服装裁剪工艺质量控制

为确保服装裁剪工艺质量，必须做好以下工作。

一、裁剪准备工作

必须在拿到面辅料测试和检验合格的报告之后，才能开始安排实施裁剪方案。开裁之前，所有生产技术资料，包括订单号、尺码、款号、数量、颜色搭配、用料定额、面料贴样、缸差卡片、裁剪样板或排料图纸要全部备齐待查。

二、检验人员安排

要安排专职检查人员对待裁、在裁、裁后的衣片质量进行现场巡回检查，随时发现问题随时解决。

三、裁剪方案确认

要对裁剪方案的内容进行反复核对，如整批任务的床数、每一床铺布层数、每一层铺布的衣服规格和套数等，避免出现漏裁或多裁的情况出现。还要注意裁剪数量及尺码、颜色搭配与订单是否一致，搭配是否合理，面料利用率是否合适等。

四、排料图确认

工艺质量控制人员要对排料图进行再次的仔细审核，如号型、规格、品号、门幅、颜色是否与工艺通知单相符；面料丝缕方向是否正确；面料利用率是否偏低；工艺标记是否准确等。发现问题随时纠正，并提出合理的工艺改进意见或采取正确的改进措施。

五、裁剪操作规程执行情况监督

裁剪工序的工艺要求较多，要严格执行，加强对裁剪操作规程执行情况的监督对工艺质量控制至关重要。如开裁顺序是否按先横后直、先外后内、先小后大、先零后整、逐段开刀、逐段取料等；裁剪操作是否按"五核对、八不裁"制度执行等。

图 4-8　和鹰尼龙裁床

六、裁剪设备选择与准备

专业人员要对裁剪方式的工艺效果、刀具的选用合理性、裁床的硬度等指标进行必要的评估，并提出合理化的改进意见。普通裁床的刀具一般不与裁床接触，而自动裁床不同，刀具切透面料后与裁床直接接触，裁床过硬会损伤刀具，裁床过软又会影响面料切割效果。常见的自动裁床有透明塑胶板裁床、棕毛裁床或尼龙裁床。面料越硬挺或越薄，裁床可软一些；面料越柔软或越厚，裁床可硬一些。如果采用激光裁剪，则无需过多考虑裁床硬度指标（图4-8）。

七、裁片的工艺符号处理

衣片编码要清晰；省位、褶位、口袋位置、对位记号等工艺符号标记要完整无遗漏。

八、裁片的捆扎和分发

做好裁片的捆扎和分发，尽量把同一层铺布上的裁片做在同一件衣服上，避免出现色差和色花。

 **思考题**

1. 裁剪方式如何分类，其工艺用途如何？
2. 常见的自动裁剪方案有哪些？
3. 服装裁剪有哪些工艺要求？
4. 裁剪工艺质量如何控制？

第五章

服装黏合工艺

近年来，服装面料的研发一直朝着轻薄化、毛型感、悬垂性好、功能性、柔软舒适的趋势发展，同时消费者对着装造型的要求和期望也很高。克重轻、柔软、悬垂性好的面料的保型性差，所以服装黏合衬布（简称黏合衬）的选用也越来越普遍。黏合衬布的选用不仅满足了服装设计师和消费者对轻薄、柔软面料特点的偏好，而且也解决了服装的造型需要。黏合衬布又称为热熔衬布或热压衬布等，它是在底布上涂布具有可塑性的热熔胶加工制成，因此也称为涂层衬布或可黏合衬布。随着运动休闲的健康生活理念逐步深入人心，对针织面料的外穿诉求越来越强，许多外穿服装的设计不再像过去那样，只单一地选择机织面料，转而倾向于选择机织面料与针织面料混搭的设计风格，这一趋势也对服装黏合衬布的选择和应用研发带来全新的要求。目前常用的服装黏合衬布的底布既有机织底布，也有针织底布，还有非织底布，而热熔胶的选择及工艺应用出现了一些新的技术特点。纵观服装黏合衬料的选用情况还存在不少问题，如服装易皱、易变形、鼓泡、水洗牢度差等，有必要对服用黏合衬布的选择和应用，以及黏合工艺控制做深入研究。

第一节 黏合衬的发展

服装用黏合衬布出现在第二次世界大战结束后，当时的西欧缺乏熟练的技术工人，于是开始寻求简易的服装制作工艺，在 20 世纪 50 年代终于研制成功黏合衬布，极大地简化了服装加工工艺，并使服装具有了轻盈、美观、保型性好、挺括舒适等多方面的效果，逐步为消费者所认识和接受。随着化学工业的进步，人们开始尝试用化学药剂处理织物，制成各种耐洗、硬挺的衬布。最早曾将织物浸轧赛璐珞化学浆制成硬领衬，使用这种材料制成的衬衣曾风靡一时。20 世纪 40 年代后期，树脂整理技术在服装加工中得以推广应用，出现了树脂领衬布，因其富有弹性而且显得硬挺、耐洗、耐穿，直到今天仍然是衬衫加工的主要衬布之一。1952 年，英国人坦纳（K. TANNER）用聚乙烯以撒粉的方法涂布在织物底布上制成黏合衬布，聚乙烯耐水洗性能好但手感发硬，故仅用于衬衫领衬。1965 年后，当时的联邦德国和瑞士分别研制成功共聚酰胺热熔胶，而且研制出粉点涂层设备，使黏合衬布的质量和品种有了质的变化。20 世纪 60 年代末 70 年代初期开始，黏合衬布得到了飞速发展，首先在欧洲兴起，之后又推广到世界各地。1976 年世界黏合衬布的产量约为 4.9 亿平方米，而到 1981 年，黏合衬布的全球年消耗量已超过 11 亿平方米。目前黏合衬布的应用已成为服装生产不可或缺的工艺技术规范。

服装覆衬是现代高档服装、时装制作中不可缺少的工艺技术，比如腰头衬常采用硬挺的树脂衬，它的基布由涤纶和锦纶织成，非常硬挺、结实，能使裤腰、裙腰不倒不皱，尺寸稳定，被称为硬腰，在职业装、制式服装中运用广泛。

目前，我国黏合衬技术已发展至第四代热熔黏合衬的大量应用（前三代技术分别是织物衬、浆布衬和树脂衬）。黏合衬产品也由单一品种向多品种，由低档到中、高档方向逐步发展。许多新型衬布在服装工业的应用堪称划时代的革新。甚至有人认为服装的款式在很大程度上依靠衬布的合理使用，服装式样是否流行也越来越取决于衬布的应用而非面料。

第二节　黏合理论

一、黏合机理分析

服装面料、热熔胶、黏合衬底布都属于高分子化合物材料。黏合实际上是高分子化合物分子之间发生的一种相互作用。热熔衬布与面料的黏合是在一定温度和压力的作用下，经过一定时间，通过热熔胶分子将衬布与面料结合在一起的工艺过程。黏合时的主要作用力来源于范德华力（即分子间力，包括弱作用力如氢键结合等，和强作用力如离子键、共价键结合等）。现代较先进的原子力显微技术（AFM）在常规接触模式操作中，探针针尖与样品表面的距离只有几埃（1埃＝0.1nm），产生的范德华力大约有 0.1～1000nN。高分子之间的相互作用有其复杂性，很难用一种统一的理论来解释，因此，在实际操作中将复杂的黏合过程分为两个阶段，分别用不同的理论来说明。在第一阶段，即开始升温到热熔胶产生黏性之前的阶段，主要依赖大分子间的摩擦和勾连发生的作用，把这种弱作用力形式称为机械黏合，这时的黏合牢度与温度升高成正比；在第二阶段，热熔胶产生黏性的温度范围内，大分子之间产生交联作用连接成更大分子甚至成网状结构，此时靠分子间的范德华强作用力（离子键、共价键）将大分子位置固定下来，黏合牢度最大且恒定不变，这一阶段发生的黏合作用也称为扩散黏合。温度继续升高超过胶黏温度之后，各种材料的温度耐受性将下降，因此应避免这种情况发生。高分子之间的作用方式遵循"相似相容"的原理，即结构相似的大分子间容易形成更多的有序排列的区域（结晶区），在此区域内分子间距离近，分子间作用力强，因此黏合时应选择分子结构相似或相近的面料与热熔衬，才能达到较高的黏合牢度及较好的效果（图5-1）。

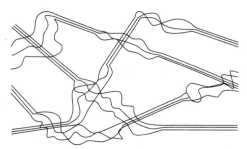

图 5-1　大分子聚集状态模拟示意图

结晶度高的热熔胶其熔点也较高，因其分子间力较大。采用多元共聚方法的热熔胶，可导致分子聚集结构的不规整性，造成结晶度下降，使氢键形成或分子间作用受到干扰、减弱或破坏，可有效降低其熔点温度，但对黏合牢度有不利影响。共聚物热熔胶在一定程度上可改善抗黏性能。为增强热熔胶的工艺适应性，一般在衬布生产时，会在热熔胶高聚物中根据工艺需要增加适量添加物，如增塑剂、润滑剂、抗静电剂、发泡剂、抗氧剂、杀菌剂等，以实现不同的工艺目的。这些添加物或多或少也会影响到黏合效果（表5-1）。

表 5-1　部分热熔胶的熔点范围和胶黏温度范围

热熔胶类别	熔点范围/℃	胶黏温度/℃
高压聚乙烯	100～120	130～160
低压聚乙烯	125～132	150～170
聚醋酸乙烯	80～95	120～150
乙烯—醋酸乙烯共聚物	75～90	80～100
皂化乙烯—醋酸乙烯共聚物	100～120	100～120
外衣衬用聚酰胺	90～135	130～160
裘皮、皮革用聚酰胺	75～90	80～95
聚酯	115～125	140～160

二、黏合衬料的种类与选用原则

热熔衬在服装造形、穿着舒适性、服用性等方面可以充分满足服装对于可缝性、穿着性以及耐久性的性能要求，具有方便实用的功能和特点。热熔黏合衬种类很多，可按不同的标准进行分类。大类一般按原材料、服装用途和行业标准等来分。原材料大类又根据底布类别、热熔胶类别、涂层形状、用途、行业标准等细分成不同的小类。比如按底布类别可分为机织黏合衬布、针织黏合衬布和非织造黏合衬布；按热熔胶类别可分为聚酰胺（PA）黏合衬布、聚乙烯（PE）黏合衬布、聚酯（PES）黏合衬布、乙烯醋酸乙烯（EVA）及其改性（EVAL）黏合衬布；按涂层形状可分为有规则点状黏合衬布、无规则撒粉状黏合衬布、计算机点状黏合衬布、有规则断线状黏合衬布、裂纹复合膜状黏合衬布和网状黏合衬布；按用途可分为主衬、补强衬、嵌条衬和双面衬；按行业标准可分为衬衫衬、外衣衬、丝绸衬、裘皮衬等。根据面料种类，对不同类别衬布的内在质量指标要求也不同。而按服装用途和行业标准的大类分别细分衬布类别的标准更加注重综合性指标。而对于作为热熔胶使用的高分子化合物的性能要求较高，既要有热塑性，又要在熔融状态必须有一定黏性，还必须具有一定的耐水洗、耐干洗以及抗老化性能。黏合衬布的选用原则主要包括以下几点。

（一）面料和热熔胶及衬布要匹配

选择高分子结构相同或相似的面料、衬布及热熔胶类别非常重要，对黏合工艺的质量能起到决定性的作用。因此，很多需要用到黏合衬布的服装其纤维组分相对简单，从某种程度上也确保了黏合工艺的效果。但通常情况下，随着人们已逐渐开始认识到混纺织物其组分纤维功能相互弥补带来的服用优势，新型服装面料的纤维组分也变得日益丰富和复杂，这对黏合衬布的合理使用带来了挑战，不可避免地增加了工艺难度。

（二）面料和衬布的织物结构与尺寸稳定性要一致

面料组织结构不同，其延展性也不一样，不同组织结构的服用面料在尺寸稳定性上差异较大。而黏合衬底布组织结构相对单一，比如机织热熔衬的底布大多采用平纹组织。只有保证面料和黏合衬的尺寸稳定性一致的情况下，才能减少服装黏合部位起皱、鼓泡等现象。严格来说，尺寸稳定性，既包括黏合过程中受热引起的干热尺寸变化，也包括水洗时的溶胀收缩作用引起的缩水率变化，还包括黏合部位耐洗涤的尺寸稳定性。

（三）热熔胶涂层分布要均匀一致

热熔胶在底布上的主要涂布方法有撒粉法、粉点法、浆点法、双点法和薄膜法等，无论采用哪种涂布方法，其工艺要求都要尽可能保证涂层均匀、容易黏合且黏合牢固。由于面料组织结构和高分子发生作用的特点以及黏合部位的服用透气性要求等因素，想要保证足够完整充分的黏合面积非常困难，因此是否能形成有规律的网状黏合位置是保证黏合效果的有效手段。这就要求热熔胶在底布上的涂布方式一定要均匀一致，黏着力强并且在使用期内不会发生脱胶现象（表5-2）。

表 5-2　不同涂布方法的热熔衬其工艺特点及用法

涂布方法	适用场合	优缺点	工艺要点
薄膜法	衬衫常用	质量好	黏合面积大，对薄膜层、工艺参数、设备等要求高
双点法	较难黏合部位	适应性强	成本高，技术适应能力强
粉点法	服装常用直接黏合衬布	规格多，成本低	网状点黏合，实际黏合面积有限，工艺简单，应用范围广
浆点法	针织服装	适应性强	尺寸稳定性较难把握
撒粉法	低档产品	成本低	涂层不均匀，质量不易控制

（四）对温度的耐受程度合理

热熔黏合衬与面料的黏合一般采用压烫工艺，在黏合时既要保证黏合牢度，又不能损伤面料外观和影响织物的手感，因此对工艺温度的掌控要求很高。面料中不同的纤维组分、热熔胶分子，包括底布和加工设备等，对温度的耐受程度都是不一样的，所以在黏合工艺实施之前，要综合考虑各种影响因素，选择满足最适宜的工艺温度和条件的热熔衬，以利于工艺参数的确定和工艺目的的达成。

第三节　黏合工艺参数选择与控制

对黏合效果起决定作用的工艺参数主要包括温度、压力和时间。因为影响黏合工艺的因素很多，通常在确定有关参数之前，要先进行试黏合，才能确定最佳的工艺参数。

一、温度的确定与控制

热熔衬的黏合牢度好坏与黏合时的温度参数选择至关重要，如果温度不合适，其他方面做得再好也是徒劳。也就是说要将温度控制在胶黏温度范围内，保证足够的扩散黏合牢度。高分子的熔点温度和胶黏温度均为一定的范围，这一点与小分子的熔点温度有很大不同。其原因是小分子间作用力较弱，不需要吸收太多能量就可以彼此脱离接触而处于游离状态，而大分子间因为分子链超长，彼此结合点多且作用力大，要脱离彼此束缚而游离开需要吸收较多的能量，这通常需要一个较长的时间过程，在此期间，温度仍在不断上升，故表现出一定的温度范围。在胶黏温度范围内，大分子间运动活跃，相互间频繁接触，大分子上的极性官能团可能发生较强结合的概率大大增加，这将有助于扩

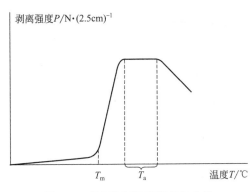

剥离强度$P/N \cdot (2.5cm)^{-1}$

温度$T/℃$

T_m T_a

图 5-2　剥离强度随温度变化曲线

散黏合牢度的增强。扩散黏合一旦发生，大分子会因活动受限而无法形成新的结合点，所以此时黏合牢度最高且保持恒定不变。从分子运动的角度上讲，温度实际上是分子运动的一种外在表现形式，分子运动剧烈时外显温度也较高。高温甚至可以使生物质中的有机高聚物分子在隔绝空气的条件下裂解为短链分子。综上所述，黏合时的温度参数应控制在胶黏温度范围内。考虑到黏合时热量损失的补偿以及材料、设备等的温度耐受程度，温度选择和控制的难度较大一些，需要慎重。图 5-2 为剥离强度随温度变化曲线（旧标准测试方法），其中，T_m 为热熔胶开始熔融的温度，T_a 为热熔胶产生黏性的温度范围，即胶黏温度范围。

二、压力的选择和控制

如果温度的确定足以保证有效黏合的发生，此时需要考虑的将是如何选择压力参数来确保工艺质量。面料、热熔衬的表面通常较为粗糙，凹凸不平，而且毛型感越强的面料，其表面绒毛丛生，这都会影响到大分子间能否接近到发生分子间力作用的距离。适当的压力可以保证面料与热熔衬充分靠近，也可促进热熔胶的流动和渗透，还能有效增强分子间力作用，因此黏合时的压力参数确定必不可少。考虑到对面料外观效应的影响，在保证有效黏合的前提下选择较小的压力比较好，这也是选择压力参数的原则（表 5-3）。

表 5-3　常用黏合衬布的黏合压力和黏合时间

黏合衬布类别	黏合压力/kPa	黏合时间/s
衬衫用黏合衬（PE 胶）	200～300	15～25
外衣用黏合衬（PA、PET 胶）	30～50	12～20
裘皮用黏合衬（PA、EVA 胶）	20～30	10～15

三、时间的选择和控制

合适的温度、压力参数选定以后，时间的把握也非常重要。黏合过程可分为升温阶段、黏着阶段和固着阶段。由于固着阶段已脱离工艺温度和压力环境，所以黏合时间参数主要和升温时间和黏着时间有关。通常情况下黏着时间不宜过长，一般控制在半分钟或更短时间之内。在工艺温度和压力选择不合理时，不可能仅靠工艺时间的延长来达到预期工艺目的，反而增大损伤面料的概率。常用黏合衬布的黏合时间见表 5-3。

第四节　黏合质量检验

黏合衬布的物理性能测试和服用指标测试方面，比较权威的有美国 ASTM 标准测试方法和德国工业标准 DIN 测试方法。国内主要参照以上标准并结合生产实际加以综合运用。

对黏合衬布的技术要求主要包括内在质量和外观质量两个方面。必须检验的项目包括剥离强度、耐水洗性能、耐干洗性能、缩水率、热缩率以及渗料情况等；内部控制项目包括悬垂性、硬挺度、氯损强度、泛黄强度、褶皱回复性、裁剪沾黏、透气性、老化性和手感等。除注明必须在标准条件（温度 20℃±3℃，相对湿度 65％±3％）下检验的项目外，均可采用室温条件检验。

剥离强度是一项重要的黏合质量指标，旧标准的取样和测试方法，要求试样中的面料经纱方向与衬布经纱方向成 45°角交叉，测试的主要是面料与衬布在最小理论接触面积的情况下，黏合效果最好时的黏合牢度是否达标。此项指标检验的准确性关键在于取样是否正确。而其他一些指标的测试标准与服装的穿着性能和实际使用寿命密切相关。旧标准的测试方法比较实用，使用比较普遍，但有一定的局限性。随着黏合衬技术的不断发展，很多新型黏合衬需要采用新的测试方法来检验黏合质量。我国现行最新的热熔黏合衬剥离强度测试方法的执行标准编号为 FZ/T01085—2009，该标准适用于各种材质的机织物、针织物和非织造布为基布的热熔黏合衬剥离强度的测定（图 5-3）。

(a) TM100 剥离强度测试仪　　　　　(b) YG034/BQ3型剥离强度仪

图 5-3　两种常见的剥离强度测试仪

YG034/BQ3 型剥离强度仪是我国服装行业首个拥有国家发明专利的剥离强度测试专用标准仪器。该仪器通过记录黏合物剥离过程中受力曲线上全部峰值，并计算这些峰值的平均值与离散系数，以此来表示剥离强度的大小和均匀性，从而全面反映黏合牢度和黏合质量。该测试仪器适用的标准有 FZ/T01085—2000 热熔黏合衬布剥离强力测试方法、FZ/T8007.1—2006 使用黏合衬服装剥离强力测试方法等。

黏合质量的好坏也会受到热熔胶内各种添加物的影响。如增塑剂分子结构中的非极性部分可降低热熔胶熔点并增加加工柔性；润滑剂可减低熔融黏度，增强热熔胶的流动性，有助于改善热熔胶的热转移效果；防粘连剂的适当添加可有效防止热熔衬对设备的沾黏等。

第五节　服装用衬部位及实际工艺应用

服装用热熔衬布适用范围较广，但主要用作外衣黏合衬和衬衫黏合衬，而且黏合衬布用在服装不同部位会起到不同的作用。外衣黏合衬用量较大，如一件西服所需黏合衬布达 1m² 左右，而且需要多种衬料配合使用，以起到定型、补强、硬挺和填充等作用（图 5-4）。

为了西服的造型美观，要求其前身部位胸部衬里厚实而下摆较薄，通常的做法是在前胸

图 5-4 部分服装用
衬部位（阴影部分）

部位黏合两层衬布，或采用新型分段黏合衬布以简化压烫和缝制工艺。分段衬布的底布经过特制，可按要求分别织成厚、中、薄三段，可方便与面料一次压烫成型。衬衫黏合衬可分为主衬、辅衬和补强衬。主衬又称面熔衬，可与面料直接黏合；辅衬可黏合在主衬上形成复合衬；补强衬可用于领尖部位黏合。热熔胶也可制成非织布用于衣服贴边部位的双面黏合。

黏合衬布在工艺应用中，常将大量运用的前身衬、胸衬、领衬、腰衬和挂面衬称为大片，使用压烫机压烫；而小块儿衬布则作为小料，采用低熔点热熔衬，用熨斗压烫即可。

第六节 流行黏合衬介绍

目前市场上流行的商品黏合衬种类很多，常见的黏合衬主要有以下几种。

一、雪纺专用衬

雪纺是女性消费者比较喜欢的面料类别，雪纺类服装常用的有长兴 30D 专用黏合衬（图 5-5）和长兴 50D 雪纺专用衬（红色）（图 5-6）。

图 5-5 长兴 30D 雪纺专用黏合衬（橙、绿、蓝三种颜色）

图 5-6 长兴 50D 雪纺专用衬（红色）

二、其他常用的流行衬料

其他的时下常用流行衬料主要有 75D 梭织有纺热熔胶衬、有纺针织热熔胶衬、四面弹热熔衬、复合黑炭衬、热熔网膜和非织缝线双点衬（图 5-7）。

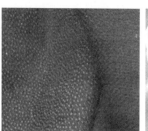

(a) 75D梭织有纺热熔胶衬

(b) 有纺针织热熔胶衬

(c) 四面弹热熔衬

(d) 复合黑炭衬

(e) 热熔网膜

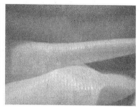

(f) 非织缝线双点衬

图 5-7　常用流行衬料

思考题

1. 我国黏合衬技术发展有何变化趋势？
2. 黏合衬布的选用原则有哪些？
3. 如何选择黏合时的工艺参数并有效加以控制？
4. 黏合质量检验包括哪些内容？
5. 黏合衬在服装上有何工艺应用？

第六章

服装缝制工艺

第一节 服装缝制工序及要求

　　服装缝制工序在生产中工艺环节最多,设备最多,占用场地最大,操作人员最多,耗时最长,品质控制任务最为繁重。因此,服装缝制工艺的质量控制,应有统一管理和整体规划,才能减少残次品出现。在产品质量控制上,不但要加强对成品的检验,还要加强对在制半成品的检验,既要有相应的预防措施,还要及时发现并解决缝制过程中随机出现的各种现实问题,有问题发生时能及时返修和纠正,以确保服装的缝制工艺品质优良。

一、缝制工序准备要求

(一)缝制工艺任务单核对

　　(1)领取衣片时要核对生产通知单中的批号、规格、款式等信息是否一致。

　　(2)要仔细核对捆扎衣片的裁片数量。

　　(3)要认真核查衣片的规格尺寸是否正确。

　　(4)要认真核对样衣和工艺单内容(表6-1)。

表6-1　工艺单参考样本

**服装有限公司生产工艺制作单						单位:cm
						日期:

核准	制单审核	设计	特殊工艺	样衣制作	制单制作

款号:**款　款式名:细褶短裙

成品尺寸规格表					辅料			平面图
规格 部位　尺寸	2#	4#	6#	8#	商标　号标	×1		
					纽扣	×3		
裙长	27	30	33	36	拉链	×2		
腰围	50	52.5	55	57.5				

制作要求
1. 面料应用斜纹 200D
2. 面线用 20/3 枣红和深绿色,打凤眼线用深绿色,打枣线用枣红色,底线与面线相同色
3. 线色搭配请参照样衣
4. 不详之处请询问开发部

备注:

（5）要认真核查组合裁片的契合度。

（6）要认真检查面料、辅料、衬料之间的匹配度。

（二）缝制材料检查

凡是和服装有关的缝制材料都要认真检查和记录，包括面料、里料、衬布、缝纫用线、垫肩、拉链、纽扣、裤钩等。全面检查所有缝制材料的品质，做到用料准确无差错。

（三）缝制标准对照

开始缝制前，必须按缝制工序流水事先规划好缝制顺序，并认真核查每一步骤的缝型、线迹、缝线种类、所用机型、机针、品质要求等信息。如果需要对条、对格、对花等，还要注意特殊工艺要求提醒和规定。

（四）缝制设备准备

对指定工位的设备状况要做到心中有数，必要的话要进行重新调试和试缝，并做好保养和维护以及清洁工作，保证设备正常工作状态良好。如果设备出现异常状况，要及时进行维修并作详细记录。

（五）缝制新款任务分解和说明

在服装新品正式上流水线以前，必须先将正确的首件封样、工艺要求、尺寸规格以及注意事项等信息及时公示有关人员，必要的话可以集中培训。工艺技术人员必须将缝制工序的操作要领以及残次品防范措施等事项告知每一位操作工，并检查机台准备情况，确保新品质量。

二、缝制工序质量控制要求

（一）缝线张力与针距调节

在缝制工序日常维护中，直接影响缝制质量的因素主要包括对缝线张力的调整和对针距的控制。缝线张力的波动易造成缝制部位不平整，而且不利于后续工艺处理。送料方式不对或操作不当易造成面料起皱，这时针距也会发生改变，对缝制质量影响较大。

（二）在制品检验环节设置

服装缝制作业一般流水较长，因而在合适工艺位置设置中间检验点非常必要，如在组合工序之前、复杂工艺环节、有可能被后续工序覆盖的工艺部位等。中间检验点的合理设置，可及时发现质量隐患，减少返修率和不合格品产生。

（三）关键工艺环节控制

服装生产的关键工序是指岗位技能要求高、工艺操作难度大、容易出现问题的环节，如绱袖、开袋、上领子等工序。这些工序的质量控制应当从人、机、料、法、环这五个方面严格要求，并设立相应的质量监控点。对一些特殊的工艺环节（如黏合工序），也应纳入到重点质量监控范围内。

（四）对检验员的要求

在缝制工序配备专职质检员，通过定时或不定时的巡回检查，加强质量动态管理十分必要。质检人员的专业素养要高，责任心要强，发现问题要敢于纠错，并及时找到问题原因加以解决，对重大质量隐患要及时反馈和防范。

（五）操作工自我控制

服装质量涉及所有的实际参与者，尤其是缝制操作人员。在提升操作工人工艺技术能力的同时，应强化对员工的质量意识培养，增强操作工人的责任心。设置一定的奖惩机制相配套，提高员工对质量管理的参与意识和积极性。

（六）各工艺环节的把关

每工艺环节都应自觉承担对上道工艺质量的检查职能，发现问题应及时返工，坚决避免不合格在制半成品流入下道工作。所有质量问题及处理办法应做相应记录并归档备查。

（七）断针及线头处理

服装检验项目中断针的检测和线头的处理应引起足够重视，尤其在一些服装出口企业。美国、日本等国在服装上发现断针的处罚力度非常大，一根断针罚款额度高达 5 万美元。因为他们认为衣服上发现断针意味着安全无法保证。在一些管理严格的企业，除了服装要通过检针机进行检测外，还需要通过强化生产过程管理来避免问题的产生（图 6-1）。

| (a) | (b) | (c) |

图 6-1　服装用检针机

如表 6-2 所示，为服装企业使用的断针管理表。断针管理由专人负责，包括缝针发放、调换及详细记录。车缝操作工必须持旧针换新；如有断针还必须将断针粘贴在记录表上；如断针失踪，必须对相应在制品进行检针。

表 6-2　断针管理表

时间(月/日)	月　　日	月　　日	月　　日	月　　日	月　　日
款号/订单号					
色号或颜色					
尺码					
工序/部位					
换针人姓名					
粘贴回收针					
检针人姓名					
负责人姓名					

断针管理员：　　　　　车间：　　　　　班组：

国外消费者对服装上的线头超标也是无法忍受的，严重的话会影响到正常的贸易往来，并给企业造成重大经济损失（图 6-2、图 6-3）。

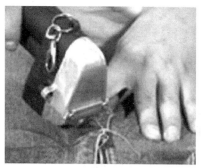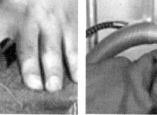

(a) 手持式剪线　　　　　　　　(b) 平台式剪线

图 6-2　剪线设备

图 6-3　服装企业的剪线车间工作现场

三、不合格产品管理要求

加强不合格产品管理是强化质量控制的重要举措。通过组织相关人员成立 QC（质量控制）小组，定期或不定期地对产品质量进行汇总统计，并召开质量分析控制会议，针对不合格产品分析原因，查找问题，提出改进措施，并切实执行，才能杜绝人为因素造成的严重质量事故。

（一）不合格在制半成品处理

对质检过程中查出的不合格半成品，应根据半成品上标记的车位工号退回返工，需经专职检验人员确认合格为止。同时要对所有查出的半成品质量问题及处理结果作详细记录，报上级主管备案。这样做的目的是为了加强质量跟踪，发现问题便于及时追根溯源（表 6-3）。

表 6-3　不合格品五联单标签

第三次检验	第二次检验	第一次检验	复检	存根
			工序： 操作工： 日期和时间：	工序： 操作工： 日期和时间：
操作工：	操作工：	操作工：		

（二）不合格成品（残次品）处理

对于经检验不合格的服装成品需用专门的容器存放，并用醒目的颜色将其与合格品和其他区域区别开来，以免混入正品当中。对于可返修的不合格成品按流水质量追溯机制返工直到合格为止，方可注销不合格品登记；对不能返修的次品或废品，应填写产品报废单，并通知有关车间的生产班组重新补做。

（三）不合格品技术归档

有关各种不合格品的统计分析资料要妥善保管，及时归入技术档案备查。还要建立统一的反映员工技术水平的品质状况报表。这些档案中对容易产生质量问题的工序、产生的原因、采取的相关措施、问题产生的规律、防范措施等应做详细的总结报告，并提供给相关部门参考和借鉴。

四、缝制工序主要疵病及处理

服装缝制工序环节多，要求高，是服装质量监控的主要工序，非常容易出现各种各样的问题，常见的主要问题有缝口绽裂、缝口起拱、针迹疵病等（表6-4）。

表6-4　部分常见缝制工艺疵病及相应解决办法

疵病名称	常见现象	产生原因	解决方法
缝口绽裂	服装受到过大外力拉伸,在接缝处纱线产生滑移致使缝口脱开;衣服的背缝、袖缝缝、裤、裙臀部等受力较大部位易发生绽裂;轻者绽裂2~4mm,重者达6mm以上,影响美观,甚至开线滑脱,影响正常服用	光滑的长丝织物在缝合处经纬纱容易错位,如真丝、化纤长丝织物等,与织物的紧度、组织结构、捻度、线密度等也有关	提高纱线间摩擦系数;增加接缝牢度;易绽裂面料的服装穿着设计应宽松,不要太紧身
缝口起拱	服装加工时,沿面料缝合处形成不同程度的皱缩	缝线张力波动、送布速度不稳定易造成起皱,此外还受面料厚度、纱线捻度、面料种类等因素影响	控制好缝线张力;送布量要一致;纱线捻度不宜太高;面料种类、厚度要合适
针迹疵病	服装加工时,针刺部位出现破洞或发毛现象	与纱线、面料种类有较大关系;缝纫速度过快,针太粗;反复车缝等。长丝织物、紧密织物等易出现针迹疵病	选择合适面料;控制好缝纫速度;选择合适机针并注意消除针上毛刺
线迹疵病	缝制过程中缝纫线发生断裂、出现开线、缝迹歪斜等问题	缝纫线强度不够或缝制张力过大;线迹选择不对;操作不当;设备状况不良等	控制好缝线质量;选择合适的线迹;检查设备状况;改善操作
线头问题	缝制品出现线头过多	剪线时机不当,留余线过长;工艺操作不当	严格工艺操作;控制线头余量;调整剪线装置

第二节　服装线迹的工艺运用

一、线迹分类

首先了解一下与线迹有关的常用术语，如线迹、线迹密度和线迹结构。

线迹是指缝纫时沿送料方向在缝料上相邻两针迹间的缝线组织。线迹密度是指缝料上规定长度内（通常取 2cm）的线迹个数或缝料上 3cm 内的针孔数（表 6-5）。线迹结构是指缝纫线在线迹中相互配置的关系。

表 6-5　常见缝纫线迹的针迹密度

缝合方式	针迹密度/（针/3cm）
直线缝锁缝（外衣）	13～15
直线缝锁线（中衣）	15～17
联锁缝	12～13
包缝	13～14
包缝锁边	8
手工缭缝（翻边缭里边）	3～4
手工缭缝（缭明缝）	7～9

线迹在服装缝制时一般有五个方面的用途。

① 将衣服裁片缝合或拼合在一起。

② 防止面料边缘脱散。

③ 对服装经常受力部位进行加固。

④ 装饰和美化服装。

⑤ 完成钉扣、锁眼、套结等特殊作业等。

目前线迹的合理运用不再局限于工艺范畴，更多地融合于设计之中，并有一些突破性的进展。如采用 6 条以上的多线迹设计、有意的撞色线迹轮廓设计、超宽线迹间距等非传统的线迹运用等。

现代服装工艺，利用缝纫设备将不同原料、色泽、特征的缝线与衣料合理搭配，在提高服装外观质量、改善缝迹牢度、设计装饰效果、丰富服装表面肌理、稳固服装造型等方面的手段越来越多，应用也更加广泛。缝线粗细、长度、位置和方向上的特征变化可以使人产生不同的感受，如弯曲的缝线圆润柔和；斜向的缝线具有方向感；水平的缝线稳定安定；金银丝线缝线具有蕾丝效果等。传统工艺中面料与缝线的配色法则"配深不配浅"在打破常规的时装界已不再被遵守，不同颜色缝线与面料的配置与拼接风格被普遍采用，不仅有深色线配浅色面料，更有浅色线缉在深色面料上的强烈对比效果，多元化撞色、多色线搭配设计趋向主流。传统工艺中缉止口和双线距离的定数规定也不再受限，间距可窄至 0.31cm，也可宽达 7.27cm 以上；线数也可随心所欲，并在车缝时故意拉紧面线，使面料产生轻微的褶皱，以产生特殊的肌理效果等。纯手工装饰线不再局限于民族服装、晚装等的设计，在日常女装、童装、男装及休闲装方面也大量使用。总之，线迹运用已成为目前服装工艺设计的重要组成部分。

国际标准化组织 1981 年将线迹分为六大系列 88 种，其中包括 7 种单线链式线迹（100系列）、13 种仿人工线迹（200 系列）、27 种梭缝（锁式）线迹（300 系列）、17 种多线链式线迹（400 系列）、15 种包缝链式线迹（500 系列）和 9 种覆盖链式线迹（600 系列）。

（一）单线链式线迹

单线链式线迹（100 系列）是由一根缝线往复循环穿套而成的链条式线迹，用线量少，拉伸性一般，拉线迹的终端或线迹断裂时会引起线迹脱散，应用范围有限。这种线迹用于钉扣时，因为缝线的相互挤压和叠加可提高抗脱散性（图6-4）。

(a) 101　　　　(b) 103　　　　(c) 104　　　　(d) 107

图6-4　100系列线迹

（二）仿人工线迹

仿人工线迹（200系列）由一根缝线穿进缝料，模拟手针线迹完成（图6-5）。这类线迹近年来在高级皮装、猎装等设计中使用较多，给人一种返朴归真的感觉。

(a) 202　　　　(b) 204　　　　(c) 205　　　　(d) 209

图6-5　200系列线迹

（三）梭缝（锁式）线迹

梭缝或锁式线迹（300系列）由面线和底线两根线在面料上锁套而成，是服装加工使用最普遍的基本线迹。梭缝线迹的特点是用线量少，结构简单、坚固、稳定，不易脱散，缝料正反面线迹一样不需区分，给生产带来较大方便。这种线迹的缺点也很明显，如弹性差、抵抗拉伸能力一般、缝迹牢度不高。另外，底线梭容量有限，需要经常停机更换，降低了生产效率（图6-6）。

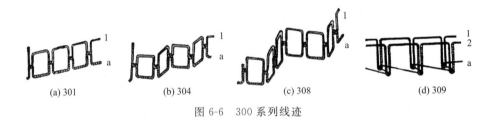

(a) 301　　　　(b) 304　　　　(c) 308　　　　(d) 309

图6-6　300系列线迹

（四）多线链式线迹

多线链式线迹（400系列）通常由两根缝线（一根弯针线与一根直针线）或多根缝线（一根弯针线与多根直针线）在缝料中往复穿套形成。这种线迹用线量较多，拉伸性和弹性较好，并有一定的耐磨性，不易脱散。多线链式线迹广泛用于针织服装加工，也有人称其为针织服装的专用线迹。由于这种线迹优点突出，近年来也经常用于机织面料服装的加工。国内习惯称两根缝线的链式线迹为双线链式线迹，称多根缝线的链式线迹为绷缝线迹（图6-7）。

（五）包缝链式线迹

包缝链式线迹（500系列）可以由单根、两根或多根缝线在缝料边缘上相互循环穿套形

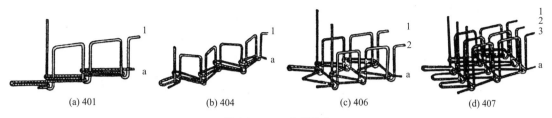

(a) 401　　　　(b) 404　　　　(c) 406　　　　(d) 407

图 6-7　400 系列线迹

成线迹，能有效防止面料边缘脱散，且拉伸性也较好。这种线迹应用很广，其中三线、四线和五线包缝线迹最常用，如三线包缝线迹 504、505、509；四线包缝线迹 507、512、514 等（图 6-8）。四线包缝线迹习惯称为"安全缝线迹"，它由两根直针线 1、2 及两根弯针线 a、b 组成，因交织点增加而使线迹牢度和抗脱散能力提高。五线包缝线迹实际上为复合线迹，它由一个双线链式线迹和一个三线包缝线迹组成，可以在一台机器上实现平包联缝，从而提高缝制质量和生产效率。同样，也可以在一台机器上缝出双线链式线迹与四线包缝线迹复合的五线包缝线迹（图 6-9）。

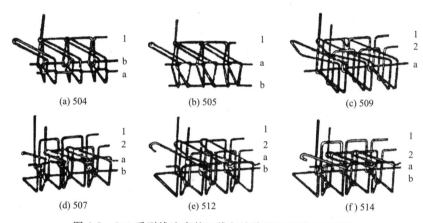

(a) 504　　　　　(b) 505　　　　　(c) 509

(d) 507　　　　　(e) 512　　　　　(f) 514

图 6-8　500 系列线迹中的三线包缝线迹和四线包缝线迹

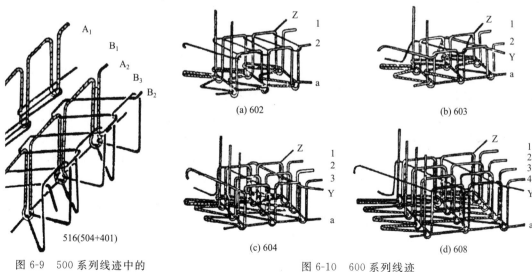

516(504+401)

图 6-9　500 系列线迹中的
五线包缝线迹

(a) 602　　　　　(b) 603

(c) 604　　　　　(d) 608

图 6-10　600 系列线迹

（六）覆盖链式线迹

覆盖链式线迹（600 系列）是由一根弯针线（底线）与两根或两根以上的直针线互相循环穿套，并在缝料表面配置一根以上装饰线，形成类似花边效果的缝迹。这种线迹强力大，拉伸性好，而且缝迹平整。除了在缝料表面覆盖的装饰线外，覆盖链式线迹与 400 系列绷缝线迹的结构一样。图 6-10 为 600 系列的线迹，其中 Y、Z 是装饰线，通常采用彩色线或有光泽的人造丝。

二、线迹工艺的应用

服装从纺织面料上划分，主要分为机织面料服装和针织面料服装两大类。因为面料特性不同，两类服装所用主要线迹和常用设备有较大差异。

（一）机织服装的常用线迹

机织物也称为梭织物。机织面料的主要优点是结构稳定，布面平整，悬垂时一般不出现弛垂现象，适用于各种印染整理。其印花及提花图案比针织物、编结物和毡类织物更为精细。机织面料花色品种繁多，耐洗涤性好，可进行翻新、干洗及各种整理，适合各种裁剪方法，适用缝纫线迹较广，尤其适合用锁式线迹和多线链式线迹缝纫。

1.锁式线迹的应用

锁式线迹因为正反面一样，缝迹稳定、牢度适中，工艺质量容易保证，因此应用范围较广，适用于外衣，如西服、牛仔装、时装、鞋帽、皮件等的明缝线和装饰缝线。近年来，随着服装设计的简约化，多针平缝、宽针距平缝等新工艺不断推陈出新。

2.多线链式线迹的应用

多线链式线迹如 401 线迹，因其拉伸性好、强力高、耐磨等优点，在运动装、休闲装、牛仔装的止口缝边和加固缝中大量采用，尤其适合弹性好的机织面料加工。

机织面料的弹性绝大多数不及针织面料，后期整理不当时会造成经纬歪斜，从而影响到服装裁剪、缝纫加工及穿着效果。但机织面料的保型性、稳定性、耐洗性等优点突出，故70％以上的外衣面料均采用机织面料。

（二）针织服装的常用线迹

针织面料既有很好的弹性，又有一定的脱散性，因此缝制针织面料的线迹也必须具备与缝料相适应的拉伸性，并能有效地防止针织面料边缘脱散。此外线迹如有装饰效果，将对提高产品附加值和美观程度非常有帮助。针织服装缝制过程中，常用到以下四种线迹。

1.链式线迹的应用

如单线链式线迹 103 常用作厚绒衣的撬边线迹，为防脱散再用绷缝线迹加以固定。双线链式线迹（401、404、409）由于弹性和强力较好，又不易脱散，故在针织品缝制中用途较广，比如滚领、上松紧带、受拉伸较多的部位（如裆、袖等）的缝合，也可与三线包缝线迹构成复合线迹"五线包缝"用于针织外衣的缝制。双线链式人字线迹 404（曲折形）一般用于针织服装的饰边，如犬牙边等；双线链式撬边线迹 409 一般用于针织外衣、裤子的底边撬边等。缝制 401 线迹的缝纫机种类较多，如单针滚领机、双针滚领机、四针扒条机、四针松紧带机等，这类机种拥有的直针数可以很多，而且多数带有装饰线，底线也可用弹性缝线，使缝迹具有非常漂亮的外观和很好的弹性，是缝制针织女装、童装装饰用线迹。

2. 锁式线迹的应用

锁式线迹301一般用于针织服装不易受拉伸的部位，如衣服的领子、口袋、封门及订商标、滚袋等，缝制这种线迹的缝纫机叫作平车或"镶襟车"。曲折形锁式线迹304、二点人字线迹304、三点人字线迹308具有美观外形的装饰效果，有一定拉伸性，一般用于有弹性要求的裤口、袖口或作装饰衣边之用。曲折形锁式线迹也常用于打结机和锁眼机。习惯称为"上饰撬边线迹"的308线迹因为拉伸性较好且缝料正面不露明线，被专门用于缝制大衣、裤口的底边撬边，在针织服装生产中很常用。

3. 包缝线迹的应用

针织物最常见的包缝线迹是两根或三根缝线相互循环串套在缝制物的边缘，如503、504、505线迹。501线迹一般不用在针织品中；两线包缝503线迹适于逢制弹性大的部位，如弹力罗纹衫的底边；504线迹面线较紧；505线迹拉伸性大，用在缝合受强烈拉伸的部位（如裤裆合缝等），被称为安全缝线迹的四线包缝线迹507、509、512、514，其弹性和外观因结构上的微小差异有所不同，一般可根据缝制要求，用于外衣合缝和内衣受摩擦强烈的肩缝或袖缝等易撕裂和脱散部位等。五线或六线包缝线迹均为复合线迹，多用于外衣及补整内衣（乳罩等）的缝制，可有效提高缝迹的牢度和缝制的生产效率。

4. 绷缝线迹的应用

因为绷缝线迹强力大，拉伸性好，同时还能使缝迹平整，与针织面料的特性吻合，在进行拼接缝时也可起到防止针织物边缘线圈脱散的作用，因此在针织服装中广泛采用，有人甚至称绷缝机为针织专用缝制设备。绷缝线迹如果添加光泽好的人造丝线或彩色线作覆盖装饰线，可使缝迹外观更漂亮，并产生花边效果。绷缝机完成的线迹主要包括400系列（如两针三线绷缝406）和600系列（带装饰线，如606、608等）线迹。

总之，包缝线迹和绷逢线迹是针织面料加工中最重要的两类线迹，所以说包缝设备与绷缝设备成为针织服装生产中广泛采用的主要设备。

第三节　缝型分类及工艺应用

服装缝口是指各裁片相互缝合的部位。缝型即缝口的结构形式，是指一定数量的布片和线迹在缝制过程中形成的配置形态（图6-11）。

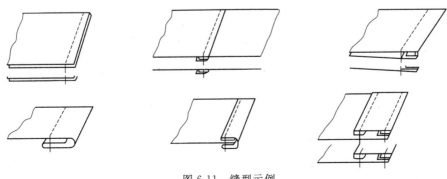

图6-11　缝型示例

一、缝型分类及其特征

缝型国际标准（ISO4916）规定，缝型代号用五位阿拉伯数字加斜线后缀线迹代号表示（×.××.××/×××，后缀超过一种线迹可用加号连接），第一位数字表示缝型类别（分八类，可用1～8表示）；第二、第三位数字表示缝料布边配置（或排列）形态（可用01～99表示）；第四、第五位数字表示缝针穿刺缝料的部位和形式，即缝针穿刺状态（用01～99表示）。缝制用的线迹编号放置于缝型代号后并用斜线隔开，若一个缝型要用几种线迹，则线迹编号自左向右排列。如缝型6.03.03/103和2.04.06/401＋301。

国际化标准组织根据缝料数量、配置方式、缝合形态等把缝型分为八大类。缝料数量是指缝合时用到的缝量；配置方式是指缝料之间的连接方式，如重叠、对齐、搭接、包卷、拼接、叠加、夹芯等形式；缝合形态是指缝料缝合时布边是否受限，可分为两侧有限、两侧无限、一侧有限、一侧无限四种形态（图6-12）。

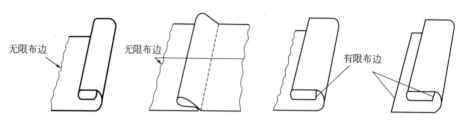

图6-12　缝合时的缝料形态

1. 第一类缝型

第一类缝型由两片或两片以上一侧为有限边、另一侧为无限边的缝料组成。这些缝料的有限边位于同一侧。在此还可增加两边都是有限边的缝料（图6-13）。

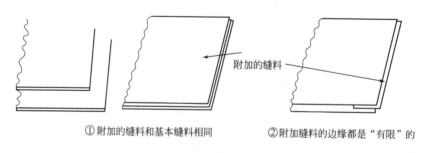

①附加的缝料和基本缝料相同　　　②附加缝料的边缘都是"有限"的

图6-13　第一类缝型

较为常见的第一类缝型有平面缝型、来去缝、滚包缝等。平面缝型是最常用的第一类缝型，即通常所说的"平缝"，用于将两片缝料连接起来。来去缝也称为回接缝、袋缝，主要用于袋盖、衣领、袖级等处，也可用于轻薄面料成衣的侧缝、袖底缝或袋笋处理。滚包缝用于处理缝道的缝份或装饰缝道。

2. 第二类缝型

第二类缝型由两片或两片以上缝料组成，其中一片缝料的有限边与另一片缝料的有限边分别处在左、右两侧，且两片缝料的有限边相互重叠配置。如有增加的缝料，其有限边可随意放置于任一边，也可增加两边都是有限边的缝料（图6-14）。

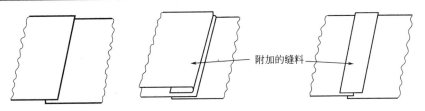

①附加的缝料和基本缝料相同 ②附加缝料的边缘都是"有限"的

图 6-14 第二类缝型

常见的第二类缝型有折缝（翻缝），包缝（内、外包缝），扣压缝（栋缝）等。折缝是指平缝后把止口倒向一边，面料各处一边，在正面压明线迹。包缝是指缝型完成后有限布边相互叠搭并包住，牢度高而且外观整洁。扣压缝是指上层缝料的有限布边扣折后，叠搭到下层缝料的有限布边上，只在正面压一道线迹即可，如缝小裆。

3. 第三类缝型

第三类缝型由两片或两片以上缝料组成，其中一片缝料的一侧是有限布边；另一片缝料两侧都是有限布边，并将第一片缝料的有限布边夹裹其中（图 6-15）。

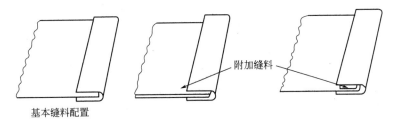

基本缝料配置

图 6-15 第三类缝型

常见的第三类缝型有滚边缝型和绱裤、裙腰缝型等。滚边缝型利用一条窄长的布条，把缝料边缘包光，使其整洁美观。绱裤、裙腰缝型则将裤（腰）头缝在裤身上或把裙（腰）头缝在裙身上。

4. 第四类缝型

第四类缝型由两片或两片以上缝料组成，其有限布边在同一平面上有间隙或无间隙地对接，无限布边分置两侧。如再有缝料，其有限布边可随意位于一侧，或者两侧均为有限布边（图 6-16）。

基本缝料配置

图 6-16 第四类缝型

常见的第四类缝型主要有拼缝缝型和装拉链缝型。拼缝缝型利用一块两侧有限边的缝料，将各有一侧有限边的两块缝料连接起来，即用一侧有限边的两块缝料，将其有限边相对缝在第三块两侧有限边的缝料两边。装拉链缝型是指将拉链装在两片缝料有限边之间的缝型。第四类缝型实际上就是利用一些辅料或长窄带条把两片或以上的缝料间接地连在一起。

5. 第五类缝型

第五类缝型由一片或一片以上缝料组成，如缝料只有一片，其两侧均为无限布边。如再有缝料时，其一侧或两侧均可为有限布边（图6-17）。

附加缝料

基本缝料配置

图 6-17　第五类缝型

常见的五类缝型主要用于钉口袋、双针扒条（荡条）、打折裥（褶裥）或用作装饰线迹等。这里钉口袋是指装明贴袋的缝型。双针扒条是指把一些细长的带条缝在面料之间，作为装饰。打褶裥是指在一片缝料上缉缝褶裥。所有在单片缝料上缉缝装饰线迹或绣花的缝型都属于第五类缝型。

基本缝料配置

图 6-18　第六类缝型

6. 第六类缝型

第六类缝型只有一片缝料，其中一侧或左边或右边均可为有限布边。无附加缝料（图6-18）。

常见的第六类缝型主要有单覆折边、双覆折边、缲边缝、三线包缝包边等。单覆折边是把布边以一定的止口单折缉线车缝。双覆折边是把布边以一定的止口双折缉线车缝。缲边缝是把布边以一定的止口单折或双折后用缲边线迹缲合；三线包缝包边是指只用包缝线迹处理布边。

7. 第七类缝型

第七类缝型由两片或两片以上缝料组成，其中一片的一侧为无限布边，其余缝料两侧均为有限布边。这类缝型通常会利用额外的缝料用于布边的处理（图6-19）。

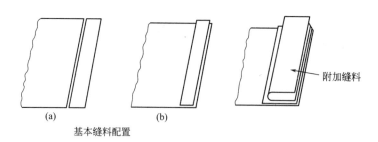

(a)　　　　　　(b)

附加缝料

基本缝料配置

图 6-19　第七类缝型

常见的第七类缝型主要有修边缝型、落贴缝型等。修边缝型是利用织带、带条、花边等物料修饰缝料边缘。落贴缝型是使用贴边处理缝料边缘，贴边可处在缝料正面或反面，这类缝型还可在腰内加上松紧带车缝。

8. 第八类缝型

第八类缝型由一片或一片以上的缝料组成，不管片数多少，所有缝料两侧均为有限布边（图6-20）。

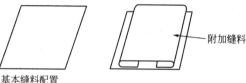

附加缝料

基本缝料配置

图 6-20　第八类缝型

二、缝型工艺及应用

（一）梭织服装常用缝型工艺

梭织服装一般采用经纬纱交织、性能稳定的面料制作服装，常用于外衣、商务装及适合各种要求的正式场合着装。这类服装经常用到以下十二种基本缝型。

1. 平缝工艺要求及应用

平缝也称合缝或上"平缝"，是指两层面料正面相叠，在反面沿所留缝份进行缝合的一种缝型。平缝时将两片面料正面相对，上下对齐，它的缝份（缝头至止口）一般为 0.8～1cm，开始和结束时打倒针回针，以防线头脱散（暴口），并注意上下层布片的齐整，缝制完毕，将缝份倒向一边的称倒缝；缝份分开烫平的称分缝。平缝要求线迹顺直，缝份宽窄一致，布料平整（图 6-21）。

平缝是机缝中最基本、使用最广泛的一种缝型。它主要用来缝合上衣的肩缝、摆缝、侧缝、袖子的内外缝、下裆等部位。这种缝型实用性强，但很普通，要想利用缝型来使服装具有不一样的效果就要采用其他的缝型，而不能只用平缝。如成衣侧缝平缝后进行抽线，就可以形成一种新的款式和造型，同样也可以抽肩线、胸线等。另外，还可以通过平缝线迹达到装饰性的作用。

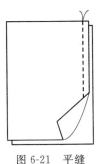

图 6-21　平缝

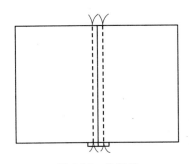

图 6-22　分缉缝

2. 分缉缝工艺要求及应用

分缉缝也称分迹缝，是在分缝的基础上在正面两边各压一道明线的成缝（图 6-22）。分辑缝一般用于衣片拼接部位的装饰和加固，缝份视款式而定。主要还是用在比较硬挺的面料上，加上具有装饰效果的缝纫线，表现出不一样的效果。如牛仔裤的分割线、侧缝或夹克的一些装饰分割线，这样既装饰了服装使之更加平挺，又使缝份更加牢固，但是一般比较薄的面料或不需要分割线那样装饰效果的就不采用这种缝型。

分缉缝用于牛仔裤分割线时可以安排不同的颜色来体现造型，也可以通过缝距的宽窄来体现不同的感觉，如男装线迹较宽比较大气刚劲，而女装线迹较窄则比较秀气端庄，通过缝距的宽窄设计可以形成男女装各自不同、风格迥异的设计效果。

3. 坐缉缝工艺及应用

坐缉缝是在坐倒缝的基础上形成的，也是在正面再压一道明线，缝制时下层衣片的缝位可放出 0.4～0.6cm 的量，以减少拼接厚度（图 6-23）。

坐缉缝的作用也是加固和装饰，跟分缉缝的作用有许多相同之处，但是它的缝份是倒向一边的，使加缝线一边比另一边更厚实些，这种缝迹工艺要视具体款式设计来运用。

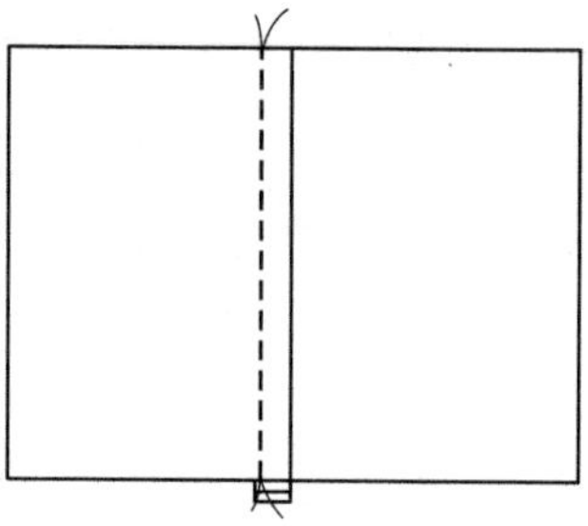

图 6-23 坐缉缝

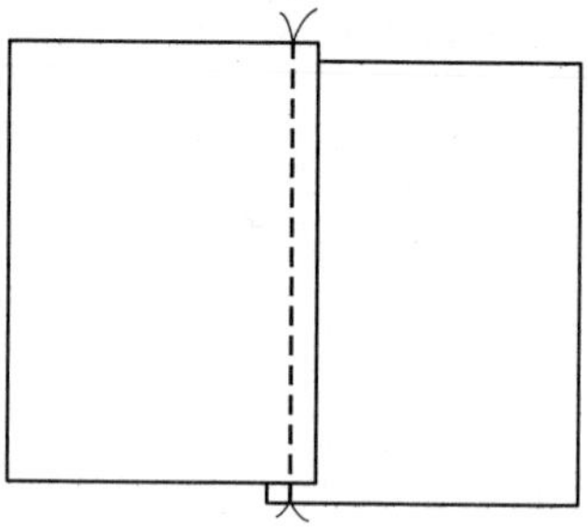

图 6-24 搭缝

4. 搭缝工艺要求及应用

搭缝是指将下层布料正面与上层布料的反面相搭后再居中缝缉一道线的一种缝型（图 6-24）。搭缝的主要用于里料的拼接或一些布料的接缝。搭缝的装饰性和牢固性均一般，主要用于一些外观的贴片装饰或其他的各种拼贴应用，可任意变换图形，所以比较适合图案设计，如星星、月亮、花卉、动物等。

5. 闷缉缝工艺要求及应用

闷缉缝是指将面料的一布边折光后缉压在另一块面料上的一种缝型。它包括单闷缉缝和双闷缉缝两种。单闷缉缝是指将面料单层折光后辑明线；双闷缉是指将两块面料两边都折光，折烫成双层（下层略宽于上层），再把另一块面料夹在中间，最后在最上层明压一道 0.1cm 止口的一种缝型（图 6-25）。

闷缉缝主要用于缝贴袋、袋盖等，或是一些装饰性的布料，并不一定具备口袋等作用，比如童装中各种形状、颜色、图案的布片缉缝在服装上。双闷缉主要用于绱袖头、腰头等。口袋抽折之后采用闷缉缝压线，会有立体的效果；绱育克、绱袖克夫、贴门襟的时候也可以运用此缝型。

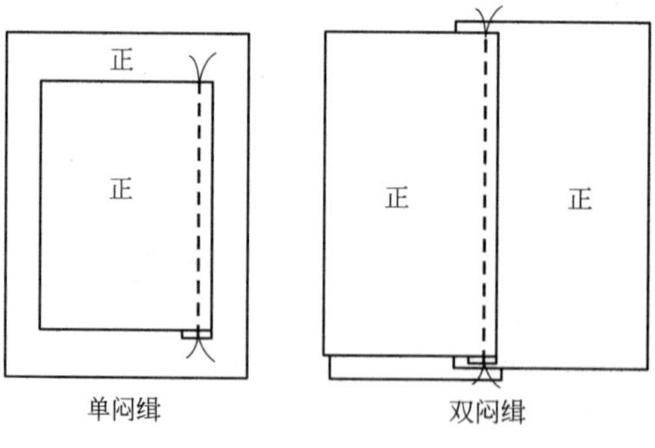

图 6-25 闷缉缝

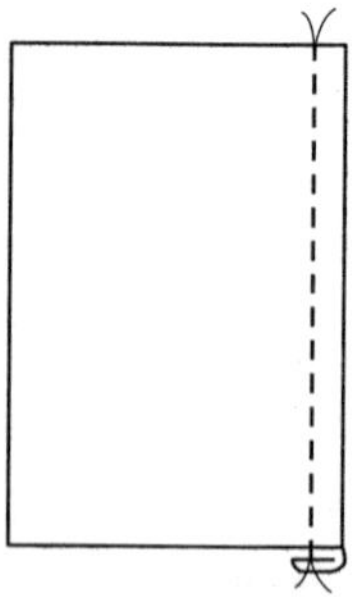

图 6-26 卷边缝

6. 卷边缝工艺及应用

卷边缝是一种将面料边缘做再次翻折卷，先后缝缉的缝型，分内外卷边。此外，卷边还有卷宽边与卷窄边之分。车卷边缝时将面料边缘向反面扣折 0.5cm，然后再卷折 1cm，沿第一条折边的边缘车缝 0.1cm 的明线。缝缉时，左手放在前面，中指与无名指放在卷边上，把卷边按住，食指帮忙将卷边内的翻折边往里翻转，理顺；右手放在后面，捏住需折转的底边；拇指在上，其余四指也可捏住底边的折转处，起卷边的作用。要求折边平整，控制一致，辑线顺直，缝口处不扭曲（图 6-26）。

卷边缝主要用于辑上衣底边、袖口、裤脚边、裙子底摆等。有些服装门襟也是用卷边缝折进去而没有贴门襟的。不具体到服装哪个部位上，可以说是只有一层布料而使之没有毛边的一种缝型，服装中只用一层布料时可根据款式要求运用此缝型。卷边缝的不同宽窄反映不同的风格，里面还可以缩松紧或做其他类型的工艺设计，使得此线迹更加有立体感而达到一定的定型效果。

7. 翻压缝工艺要求及应用

翻压缝也称勾压缝，是指将两块面料正面相叠，在反面沿划粉辑一道明线，修去多余缝份剩 0.3cm，然后翻到正面再压一道明线既可（图 6-27）。

翻压缝主要用于缝领子、袋盖、克夫等。这种缝型是比较专用的一种缝型，因为在做领、袋盖、克夫的时候，这种缝型不管是男装还是女装都是要用到的，而这个时候就不会用到别的缝型。

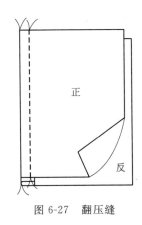

图 6-27　翻压缝

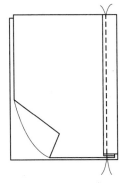

图 6-28　滚包缝

8. 滚包缝工艺要求及应用

滚包缝是一种辑一道线即可将两层布料的毛边都包光的缝型。缝制时将两块布料正面相叠，然后将其中一块布包过来夹住另一块布后再折光，接着在上面辑一道 0.1cm 止口即可（图 6-28）。

滚包缝主要用于薄料服装的缝制，如丝绸、雪纺等。滚包缝也可与其他缝型组合运用。

9. 来去缝工艺要求及应用

来去缝也称反正缝、筒子缝，是一种将面料正缝再反缝的方法。正面无明线，反面无毛边。将两块面料反面相叠，在正面辑一道 0.3cm 的缝，该缝称之为来缝，接着修净缝位翻过来在正面相叠于反面辑一道 0.6cm 的缝包住来缝，这道缝称之为去缝，合称来去缝。将缝好的布料翻开，缝份向一边折齐，扣倒，布料正面不露线迹（图 6-29）。

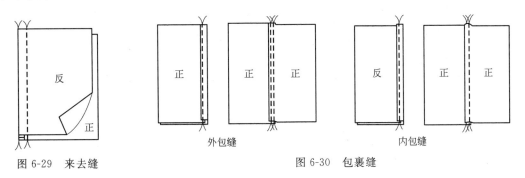

图 6-29　来去缝

外包缝　　内包缝

图 6-30　包裹缝

来去缝主要用于裤袋、长袋、袖套等的缝制，因为这种缝型有一来一去两道缝线，加强了牢固程度又包裹住毛边，因此比较适用于裤袋、袖套的缝制。

10. 包裹缝工艺要求及应用

包裹缝是一种一层布边包住另一层布边，并且缝住的缝型。做两次缝辑，根据缝辑后被包外衣边正面显露的线迹不同，有外包外压缝和内包内压缝之分（图6-30）。

（1）外包缝也称明包缝，是将两片面料毛边剪齐，反面与反面相对叠合，上层为被包面料，下层面料的一边向上折转0.8cm包住上层面料。用压脚压住转折部位，在包转缝份内侧距毛边0.1～0.2cm处缝辑好缝份再由原来的下层面料反压往上层面料，这样把毛边包在了里面，面布正面就显露出第一道线时的底线。把翻转的缝份折齐，搜紧下层布，左手按住，用压脚压住包折缝，沿止口约0.2cm处压辑第二道线。

（2）内包缝也称暗包缝，是将两片面料毛边剪齐，正面与正面相对叠合，下层面料的一边向上折转0.8cm包住上层面料，沿布边进行车缝，如将上层布料翻开，使正面朝上，距缝口约0.6cm处车缝明线，固定缝边，缝辑后面料正面只露一条线迹。缝份要折扣整齐，平服；包裹第一道线一定要顺直，宽窄一致；缉第二道线时，因包裹缝份在面料反面，不能有漏缉现象；在缉缝时要注意把面料搜平，防止缝迹链绞或面料不平，止口要整齐美观。

包裹缝主要用于夹克衫、男衬衫、牛仔装等的缝制。外包缝与内包缝在正面只是一道与两道明线的差别，所以它们在服装中的应用要看设计意图而定。像夹克衫和牛仔装等分割线较多，一般做外衣穿着，包缝可用在分割线部位修饰分割线，缝合处也比较牢固。而在男衬衫中，包缝主要用于缝袖，而很少用到平缝或其他缝型，这样可起到加固作用，而且美观大方。

11. 漏落缝工艺要求及应用

漏落缝是指先将上层面料的正面与下层面料的正面相叠，做平缝，将上层面料翻转向下，另一面内折，止口超出上层0.2cm，再沿上层面料缝处缉一道线，它是一种将明线缉在分缝中或暗藏在缉缝旁的一种缝型（图6-31）。

漏落缝多用于裙、裤腰头等处的缝制，可以起到隐藏缝线的作用。漏落缝常被作为缝腰头的专用缝型，因为线迹不明显，可以保持整体美感。如果款式设计需要明显缝迹，就需要用到其他缝型。漏落缝可以通过包缝的宽窄调整，给人以不同的视觉效果。

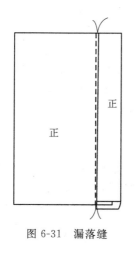

图6-31　漏落缝

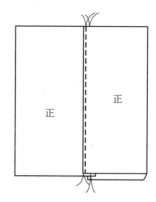

图6-32　搭接缝

12. 搭接缝工艺要求及应用

搭接缝是指将上层面料反面与下层面料正面相对叠合，对齐缝边，沿边留约0.7cm缝份，先做平缝，将下层面料翻转向上，面料边向内折出约 0.7cm 折边，盖在第一道缝缉线上，并超出约 0.2cm，然后在翻转的折边上压缉第二道止口，约 0.2cm（图 6-32）。

搭接缝跟漏落缝的缝法有相似之处，但搭接缝要求第二道线一定要盖住第一道线，使折边看不见第一道缝线，这种缝线比较少用，主要在袖口或裤口处设计运用这种缝型，用于袖克夫的缝制。

（二）针织服装常用缝型工艺

针织服装一般采用线圈串套、弹性良好的面料制作服装，常用于内衣、休闲装及适合家居或满足运动要求的场合着装。这类服装易于变形，稳定性差，但穿着合体贴身。针织服装所用的基本缝型可参考梭织服装的缝型结合针织面料的特性来考虑比较好（图 6-33）。

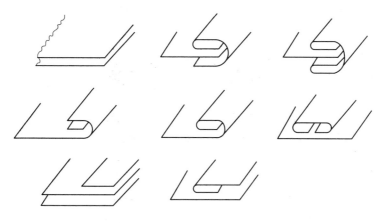

图 6-33　针织服装缝制常用缝料排列形态

（三）缝型质量要求及辅件应用

缝型的设计与应用能否恰到好处，对服装款式结构和附加值有着重要的影响。缝合牢固、外形美观的缝型是判断服装工艺是否达标的关键因素。

1. 缝口质量要求

缝口牢度是影响缝口质量的重要指标，其考查因素包括缝口强度、延伸度、耐受牢度和缝线的耐磨性。除此之外，缝型的质量还要考虑穿着的舒适性、对位效果、是否美观、线迹密度和线迹收紧程度等方面。

模板技术的应用可以提高缝口质量的稳定性，在普通缝型的缝制方面能够发挥重要作用，但在复杂缝型缝制方面受到一定的制约。不过有些复杂缝型可以通过工艺动作分解，然后使用模板技术来完成。对于模板技术无法完成的复杂缝型可以利用相应的车缝辅件协助完成。

2. 车缝辅件应用

车缝辅件是缝纫机的辅助装置，可以在缝纫机上安装和拆卸，配合缝纫机完成特殊或专门化的工艺操作，从而使技术要求较高的工作转变为熟练操作就可以完成的简单工序。因此，世界各国都非常重视车缝辅件的研究和开发，并形成一定的产业规模。车缝辅件能够使生产效率大幅提高，缝纫质量整齐规范，生产成本大大降低，服装档次得到提升。常用的车缝辅件及其作用效果见表 6-6。

表 6-6 常见车缝辅件及用途

用途 \ 辅件	导向尺	压脚	送布方式	送布牙的排列	卷边器	导线器	滚轮	修边器	空气喷射
线迹外观	●	●		●			●		
线缝缩拢		●	●	▲		▲	●		
缩缝		●	●	▲		▲	●		
波浪线迹		●	●	▲					
缝歪		●	●				▲		
折边偏斜		●			●				
起皱		●	●	●					
归缩、拔长		●	●			●	●		
缝头均等	●					▲		●	
横向尺寸规定	●				●				
线迹方向尺寸			●			●	●		
卷曲									●

注：●表示效果优；▲表示效果良。

车缝辅件按用途大致可分为导向挡边类辅件、折卷边类辅件、专用功能性辅件三大类。

（1）导向挡边类辅件。这种辅件是通过导向边控制缝料进行止口缝纫，缝出与边缘等距平行的线迹，如沿衣襟、领口、袖口等部位的布边缝纫等。这种辅件使用方便，效率较高，根据其使用场合不同，又可细分为简易挡边器、活动挡边器、磁铁挡边器和挡边压脚等。图6-34为常见导向挡边类辅件，其中图6-34（a），为简易挡边器，可用铜皮或薄铁皮制成，安装拆卸方便，止口宽度调节范围有限；图6-34（b）为活动挡边器，属于标准件，导向尺可调范围较大，适合多种工艺要求和大片衣身止口缝合；图6-34（c）为磁铁挡边器，依靠壳内磁铁吸附针板定位，使用简便可靠，但使用不当易使针板和机件磁化，吸附污垢；图6-34（d）为挡边压脚，它不同于一般压脚，俗称高低压脚，由活动脚趾与固定脚趾组成，活动脚趾较高，工作时可紧贴针板并靠近机针起导向作用，适用于小尺寸止口缝纫，固定脚趾作用与一般压脚相同。

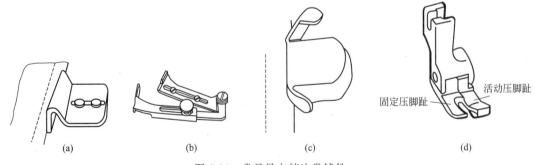

（a）　　　　　　　　（b）　　　　　　　　（c）　　　　　　　　（d）

图 6-34 常见导向挡边类辅件

（2）折卷边类辅件。这种辅件主要用于卷边、卷接、镶边、镶条等手工操作困难、质量较难控制的加工工序。这类辅件又可细分为卷边辅件、卷接辅件、镶边辅件、镶条辅件等。图6-35为常见的折卷边类辅件，其中图6-35（a）为自卷边辅件，可用不锈钢薄皮、铁皮或铜皮制成，工作时用螺钉固定于专用螺孔上；图 6-35（b）为卷接辅件，也称为埋缝辅件或埋夹缝辅件，在厚料卷接缝中应用甚广，常见于双针或三针机上，一般在牛仔装的缝纫加工中应用较多；图 6-35（c）为镶边辅件，主要用于衣片镶边或特殊布条缝制，既可用于单针机，也可用于双针或多针机，是服装生产中应用较多的一种辅件；图 6-35（d）为镶条辅件，是用在童装、运动服装等缝制装饰性布条中的专用工具，这类辅件常见于双针机。

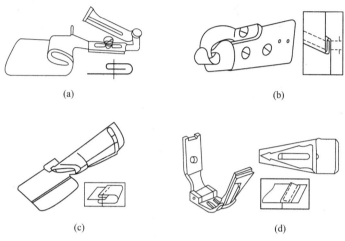

图 6-35 常见的折卷边类辅件

（3）专用功能性辅件。这种辅件是缝纫机功能扩展的结果，既降低了劳动强度，又减少了辅助工序以及作业时间。这类辅件常见的有单边压脚、起皱压脚和割线压脚等。图 6-36 为常见的部分专用功能性辅件，其中图 6-36（a）为单边压脚，是在普通平缝机上缝拉链时使用的专用压脚，可在成缝时让开拉链牙齿并压住缝料；图 6-36（b）为起皱压脚，是一种缝纫时可以活络摆动的压脚，因缝纫时缝料与压脚之间接触情况不断改变而产生皱褶，可满足特殊的工艺要求，通过调节压脚后侧螺钉可改变压脚摆动幅度，从而改变起皱效果；图 6-36（c）为割线压脚，是在普通压脚后侧安装割线装置，在缝纫结束时将缝料从压脚后取出时顺势向上提拽，缝线卡在压紧弹簧的缝隙中被夹住，由弹簧上方的刀片把缝线从末端切断。

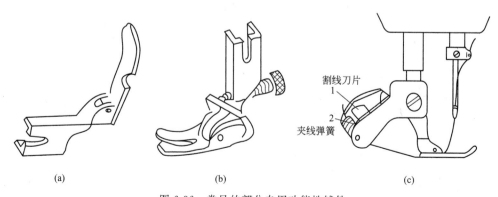

图 6-36 常见的部分专用功能性辅件

（4）改进型车缝辅件及工艺应用图例。多功能缝制技术的发展对车缝辅件的不断改进和演变影响巨大，车缝辅件的具体工艺应用如图 6-37 所示。

| (a) 拉链压脚 | (b) 打褶压脚 | (c) 钉扣压脚 | (d) 珠带压脚 |

| (e) 穗条压脚 | (f) 特滑皮革压脚 | (g) 包边压脚 | (h) 粗塔克压脚 |

| (i) 绣花及绗缝压脚 | (j) 镶饰缝压脚 | (k) 绒线绣花压脚 | (l) 同步压脚 |

| (m) 扁带压脚 | (n) 绳带压脚 | (o) 滚边压脚 |

图 6-37　多功能缝纫机车缝辅件及应用

? 思考题

1. 缝制工序有哪些工艺要求？
2. 服装线迹如何分类？各有何特点？说明其工艺应用。
3. 缝型如何分类？说明其工艺应用。
4. 缝型质量有何工艺要求？
5. 车缝辅件有哪些？分别说明其工艺应用。

第七章

服装整烫工艺

整烫是服装生产环节中重要的定型工序，也是服装穿着洗涤后必不可少的重要整理手段。简单地说，整烫工艺是在一定的热湿条件下对服装进行的一次彻底美容。经过整烫的服装外观平服、挺括、丰满，富有立体感，符合人体体型，美观、实用。在物质生活越来越丰富，消费者注重个人形象气质，对着装和服饰品位要求越来越高的情况下，整烫不仅在服装加工中，而且在日常穿着和保养中占有越来越重要的地位。服装业界流行"三分缝，七分烫"的说法，尤其在高级时装和高档服装加工中，整烫技术的好坏往往起着决定性的作用。

第一节 服装整烫工艺要求及内容

现在，服装整烫技术一般是在服装生产环节中使用，并使服装制成品具有了一定的免烫性能，所以在日常生活中需要运用的整烫工艺并不多。

一、服装成品整烫工艺要求

服装成品一般分为上装和下装，其整烫工艺要求如下。

（一）上装主要部位整烫工艺要求

（1）双肩的肩线要平整对称。

（2）胖肚要平服、丰满、自然。

（3）里襟、门襟要平整、圆润和丰满。

（4）侧缝要丰满、平服。

（5）后背要平直、圆润、不起吊。

（6）领子要平服有圆势。

（7）驳头要平直有窝势，且不能太僵硬。

（8）袖窿要美观、圆顺。

（9）袖山要丰满。

（10）腰身要平服。

（11）口袋等突出部位要平顺。

（二）下装主要部位整烫工艺要求

（1）腰身要平服。

（2）褶裥要平整并左右对称。

（3）挺缝线要挺拔顺直。

（4）下档缝摊平，后臀部位圆顺、平直、无明显涟形。

（5）前后裆缝圆顺、无松紧起皱。

（6）口袋平服、顺直。

（7）门里襟平直、长短相符、拉链松紧适宜。

（8）裤口平直。

二、服装成品整烫质量检验主要内容

服装成品整烫质量的检验主要包括以下几项。

（1）服装整体造型是否达到设计要求。

（2）服装外观效果是否有整体美感，主要整烫部位是否平整、顺服。

（3）是否存在明显的整烫疵病，如水印、变色、极光、焦黄等现象。

（4）服装是否有异常变形，附件（如纽扣）是否有损坏等。

（5）服装整烫工艺细节是否达到工艺标准要求。

（6）是否有忽略的熨烫部位。

（7）线头和污渍处理、成品折叠形式等是否符合工艺要求。

简而言之，服装整烫工艺就是要做到"三好、七防"。三好即整烫温度掌握好、平挺质量好、外观折叠好；七防即防烫焦、防烫黄、防变色、防变硬、防水渍、防极光、防渗胶。

第二节 整烫工艺原理

服装整烫包括对服装的熨烫加工、后整理、包装及储运等工序。为保证高级服装品质，整烫工艺不仅是对成衣，还要在服装加工过程中对衣片和半成品进行必要的工艺处理。

一、整烫的定义

从湿热加工效果看，整烫的目的就是对服装产品进行消皱整理或进行定型、造型等工艺技术处理；从湿热加工过程看，整烫是单独或组合运用温度、湿度和压力等因素来改变织物的密度、形状、式样和结构的工艺过程。

二、整烫的机理

所谓整烫的机理实际上就是研究温度、湿度、压力和时间等因素对整烫工艺过程的影响或作用方式。蒸汽的给湿加热，可使面料中的纤维发生膨胀，减弱了纤维大分子内部和分子间的作用力，在压力作用下，面料中纤维的分子链发生变化，或伸直或弯曲或拉长或缩短，从而使衣片获得所期望的变形，并在抽湿冷却后得到稳定的造型。

（一）温度的影响

服装材料只有在一定的温度下才具有可塑性，才能根据需要来变形，从而有效消除面料上的皱褶或加工出需要的形状。温度过高会损伤面料的织物纤维，反之温度过低，则难以达到工艺要求。

（二）湿度的影响

服装材料主要以纺织材料为主，与金属等其他材料相比，热传导性很差，如果使织物吸收一部分水分，加热时，可通过水分的迅速汽化，利用热辐射现象使面料快速升高到工艺要求温度，同时还可以防止温度过高造成面料发黄烧焦的情况出现。此外，纤维大分子间因为水分子的存在，更容易移位和变形，有利于工艺目的的实现。但是，如果水分过多，湿度过大，则会消耗多余热量，延长湿热加工时间，不利于生产成本的降低。

（三）压力的影响

服装材料只有在一定的压力条件下，因受热而具有可塑性的织物纤维大分子才能根据加工要求而迅速变形，并具有不可恢复性。压力太小难以达到工艺要求，压力过大又会损害面料本身，严重时由于使面料对光线的集中反射增强而出现"极光"现象。

（四）时间的影响

温度、湿度和压力是整烫定型的三个主要影响因素。时间对整烫工艺影响相对较小，与升温速度变化快慢有关。升温速度快，所需加工时间短；升温速度慢，则加工时间长。整烫加工后的降温过程虽然与湿热加工质量无关，但冷却时间过长会影响到生产流水线的平衡和生产效率。

三、整烫的分类

在服装加工过程中，对服装进行整烫的主要目的如下。

（1）整理面料。通过熨烫使面料得到预缩，并去掉皱痕，保持面料的平整。

（2）塑造服装的立体造型。利用纺织纤维的可塑性，改变其伸缩度及织物的经纬密度和方向，使服装的造型更适合人体的体型与活动的要求，并达到外形美观、穿着舒适的目的。

（3）整理服装。使服装外观平挺，缝口、褶裥等处平整、无皱褶、线条顺直。

按照不同的分类标准，整烫加工种类如下。

（一）按加工顺序分

按加工顺序可分为产前熨烫、中间熨烫及成品熨烫三类。

1. 产前熨烫

产前熨烫是在裁剪之前，对服装的面、里料进行的熨烫处理，目的是使服装的面料或里料获得一定的热缩或去掉皱褶，保证裁出衣片的质量。产前熨烫，多用于少量服装的制作。

2. 中间熨烫

中间熨烫是在加工过程中，各缝纫工序之间进行的熨烫作业，包括部件熨烫、分缝熨烫和归拔熨烫等。

（1）部件熨烫。对衣片或某半成品部件的定型熨烫，如领子整形、袋盖定型、袖头的扣烫等熨烫加工。

（2）分缝熨烫。用于烫开或烫平缝口的熨烫加工，如侧缝、后背缝、肩缝以及袖缝等的分缝加工。

（3）归拔熨烫。将平面衣片烫出立体造型的熨烫加工。传统的手工归拔工艺，使归拔熨烫具有较强的技巧性，操作人员需经过较长时间的学习才能掌握。目前，许多归拔熨烫工序可由中间熨烫机或成品熨烫机完成，所塑造出的立体造型更接近人体体型，而且不会出现"极光"等疵病，对操作人员的技能要求降低，并减轻了工人的劳动强度。

3. 成品熨烫

成品熨烫是对缝制完的服装成品做最后的定型、保型及外观处理。其技术要求是保证服装线条流畅、外形丰满、平服合体、不易变形，具有良好的穿着效果。

(二) 按定型维持时间的长短分

按定型维持时间的长短可分为暂时性定型熨烫、半永久性定型熨烫和永久性定型熨烫。

1. 暂时性定型熨烫

暂时性定型熨烫是指服装在平时使用过程中，受到热量、温度的变化以及浸湿等作用，定型便会消失；或是在经微机械力作用下，定型就会消失的熨烫加工。

2. 半永久性定型熨烫

半永久性定型熨烫是指可以抗拒一般使用过程中的外界温湿度、机械等因素的影响，但当遇到较强烈的外力时，定型就会缓慢消失的熨烫加工。

3. 永久性定型熨烫

永久性定型熨烫是指熨烫时织物纤维的结构发生变化，定型后的形状难以复原的熨烫加工。

多数情况下，总的熨烫效果实际上包含着以上三种定型成分。

(三) 按整烫所采用的作业方式分

按整烫所采用的作业方式可分为熨制、压制和蒸制作业。

1. 熨制作业

熨制作业是以电熨斗为主要作业工具，在服装表面按一定的工艺规程移动作业工具，使服装获得预期外观效果的熨烫加工。

2. 压制作业

压制作业是将服装夹于热表面之间，并施加一定的压力，使服装获得平整外观的熨烫加工。压制作业大多是在成形烫模上进行，熨烫出的服装各部位具有良好的立体造型。

3. 蒸制作业

蒸制作业是将服装成品覆于热表面上，在不加压的情况下，对服装喷射高温、高压的蒸汽，使服装获得平挺、丰满外观的熨烫加工。

三种整烫作业方式，以不同的形式应用于服装加工中。如熨制作业多用于中间熨烫、小型服装厂的成品熨烫等，整烫后的效果很大程度上取决于操作人员的技术水平；压制作业在中间熨烫及成品熨烫中均有应用，由于是在成型烫模上进行，整烫后的服装具有立体造型效果，多用于男、女西服或裤子的熨烫加工，熨烫效果与所选用的工艺参数有关，人为操作因素较小。

由于加工时，直接在服装表面施加压力，对面料的毛感破坏较大，特别是毛向较强的面料，如丝绒、羊绒类面料经熨制或压制作业后，毛向倒伏，严重影响服装外观。这是熨制与压制作业均存在的弊端。

蒸制作业则较适用于具有毛绒感的服装的熨烫加工，因熨烫时不直接对面料表面施压，而靠喷吹高压、高温的蒸汽使面料定型，主要用于服装成品的最终整形加工。

四、整烫的作用过程

当纤维大分子受到热湿作用后，其相互间的作用力减小，分子链可以自由转动，纤维的形变能力增大。此时，在一定的外力作用下强迫其变形，纤维内部的分子链便在新的位置上重新排列，经过一段时间后，纤维及织物的形状会在新的分子链排列状态下稳定下来。因此，整烫工序实际上经过加热给湿、施加外力和冷却稳定三个阶段。

加热给湿阶段的作用可使面料的温度及湿度提高，具有良好的塑性；施加外力阶段的作用使处于"可塑性"状态的面料大分子链，按所施加的外力方向发生形变，重新组合定位；冷却稳定阶段可以让经过整烫的面料得以迅速冷却，保证其纤维分子链在新形态下的稳定性。因此，整烫的过程实际上是纤维分子由一个平衡状态达到另一个平衡状态的过程。

第三节　整烫工艺参数

整烫工艺主要参数中的温度、湿度和压力的选择及确定是否正确是影响服装整烫工艺质量的关键因素。而整烫工艺参数的选择和面料的纤维组分及性能和整烫作业方式等有很密切的关系。

一、整烫温度的选择

温度是整烫的必要工艺条件。不同的整烫方式和不同的纤维种类，其整烫温度也不同。棉、麻、丝、毛及黏胶纤维的整烫温度范围见表 7-1；表 7-2 为各种合成纤维的整烫温度范围。

表 7-1　棉、麻、丝、毛及黏胶纤维的整烫温度范围　　　　　　　　单位：℃

面料类别		直接整烫温度	喷水整烫温度	干布整烫温度	湿布整烫温度	垫干湿布整烫温度	备注
毛	精纺	150～180		180～210	200～230	220～250	隔布整烫比直接整烫温度提高 30℃～50℃；隔湿布整烫温度还要更高；柞蚕丝喷水整烫会有水印
	粗纺	160～180		190～220	220～260	220～250	
混纺毛呢		150～160		180～219	200～210	210～230	
丝	桑蚕丝	125～150	165～185				
	柞蚕丝	115～140	禁喷水				
棉	纯棉	120～160	170～210		210～230		
	混纺	120～150	170～200		190～210		
黏胶纤维		120～160	170～210		210～230		
麻		190～210		200～220	220～250		

表 7-2　各种合成纤维的整烫温度范围　　　　　　　　单位：℃

纤维名称	直接整烫温度	喷水整烫温度	干布整烫温度	湿布整烫温度	备注
涤纶	140～160	150～170	180～195	195～220	
锦纶	120～140	130～150	160～170	190～220	
维纶	120～130	禁喷水	160～170	禁垫湿布	高温高湿状态会收缩甚至熔融

纤维名称	直接整烫温度	喷水整烫温度	干布整烫温度	湿布整烫温度	备注
腈纶	115～130	120～140	140～160	180～200	
丙纶	85～100	90～105	130～150	160～180	
氯纶	45～60	70	80～90		
乙纶	50～70	55～65	70～80	140～160	
醋酯纤维	150～160		170～190		

二、整烫湿度的确定

湿度是影响整烫效果的重要工艺因素。水分子的存在会减弱纤维大分子之间的作用力，能够增强服装面料的可塑性能。但要注意的是有些面料不允许在湿润的状态下整烫（表7-3）。

表7-3　常见服装面料的整烫湿度范围　　　　　　单位：%

面料种类	整烫方式	整烫需要含水量			蒸汽整烫湿度的适应性
		喷水	一层湿烫布	一层湿烫布一层干烫布	
普通毛呢料	先盖干烫布后盖湿烫布	— —	薄料 65～75 中厚 80～95	薄料 55～65 中厚 70～95	效果好
精纺呢绒	先干后湿两层烫布	—	65～75	70～80	效果好
粗纺呢绒	先干后湿两层烫布	—	95～115	—	效果好
长毛绒	盖湿烫布		115～125		不适应
蚕丝绸	喷水后停半小时	25～30	—		不适应
纯棉布	喷水	15～20			适应
涤棉衣料	先喷水后盖烫布	15～20	70～80		适应
涤卡衣料	喷水后盖湿烫布	15～20	70～80		适应
灯芯绒	湿烫布或湿干两层	—	80～90	70～80	适应
平绒	湿烫布或湿干两层		80～90	70～80	不宜压烫
柞蚕丝绸	禁喷水,可盖烫布		—	40～45	不宜压烫
维纶衣料	不能加湿				—
维纶混纺面料	不能加湿				不适应
锦纶、腈纶等合成纤维	盖湿或干烫布	—	—	—	不适应,只宜低温干烫

三、整烫压力的选择

压力是服装整烫定型不可或缺的条件。在湿热工艺条件合适的情况下，对服装面料施加一定的压力，可使面料依据设计师的设计目的达成服装局部造型要求和整体美观效果。厚重和结构紧密的服装面料整烫时需要施加较大的压力，裤子的裤线、裙子的褶裥等部位整烫时也可以施加较大的外力。质地蓬松易变形的织物整烫时压力要小些。对有些面料来说，压力过大会破坏面料的外观效果，也会使手感变差，严重时还会产生影响整体美观的极光现象。总之，压力参数的选择应根据面料的种类、厚薄、工艺造型要求等综合因素考虑后再确定。

四、整烫时间的选择

服装整烫所需要的工艺时间应根据温度、湿度、压力等工艺条件，综合考虑服装面料特性和服用要求，还要考虑加工设备的技术性能和加工的方式等，来选择适宜的加工时间，而不能片面地人为确定时间。

第四节 整烫作业方式的工艺方法特点

不同的整烫作业方式，有不同的工艺操作技巧，其工艺方法的使用和工艺参数的控制也有自己的特点。

一、手工熨烫方法及特点

手工熨烫是借助熨斗与烫馒结合，对服装局部进行塑形或造型的工艺方法，技术性很强，归纳起来有以下一些工艺操作形式（图7-1）。

1. 轻烫

对轻薄面料、蓬松的毛圈织物和呢绒类面料，熨烫时力度一定要轻，确保面料外观不受影响和破坏。

2. 重烫

对服装成品的平挺度要求较高的部位，如裤线、侧缝等要求挺括、耐久不变形的主要部位，需要加重力度才能起到较好的定型作用。

图7-1　手工熨烫

3. 快烫

高温熨烫轻薄面料的服装时，熨烫速度要快，不能多次重复熨烫。

4. 慢烫

面料较厚的服装或服装上较厚的部位，如贴边、驳头等，熨烫时速度要放慢，确保烫平、烫干，避免回潮及硬挺度不足等情况的发生。

5. 归烫

为了塑性的需要，在人体凸出部位的四周要将服装相应衣身直、横丝缕归烫成胖势或弯曲形状，最好采用专用的熨烫设备，以便更好地根据造型需要改变服装的外观，这种操作有较高技术的要求。

6. 拔烫

拔的操作与归相对应，在服装凸出部位塑型时更容易实现造型目的，与专用熨烫设备配合熨烫效果更好。

7. 推烫

推烫是归和拔的过程中采用的一种特殊手法，可将归烫或拔烫的量推至预定位置，保证需要归烫或拔烫的部位周围丝缕均匀而平服。

8. 送烫

送烫指将采用归拔熨烫部位的松量用推烫的手法，送至预定部位加以定位。如腰部的凹势需要将其周围松量推送至前胸，以达到胸部隆起和腰部的凹势衔接流畅，使服装曲线的凹凸立体感更明显。

9. 闷烫

服装较厚的部位熨烫时需要的蒸汽量较大，需要采用闷的方法熨烫，将熨斗在较厚部位熨烫时停留一定时间，确保蒸汽能够渗透到服装内部深层位置，并保持上下层布料受热均匀和容易烫干。

10. 蹲烫

对于服装不易烫平的褶皱部位，可将熨斗在该部位轻轻地蹲几下，以达到平服贴体的效果，如裤撑熨烫时就需要采用蹲烫的方法。

11. 虚烫

对于毛绒类服装或需要暂时性定型的服装部位可采用虚烫的方式，即熨斗与服装之间有接触但压力很小，以保持服装毛型感或款式活络的特点。

12. 拱烫

拱烫是只用熨斗头部把缝位劈开、压平、烫煞。如裤子后裆缝等部位就采用拱烫的方法。

13. 压烫

压烫是在熨烫部位施加一定的压力并超过面料的应力屈服点，以达到定型的目的。

14. 点烫

熨烫加工如不需要重压和蹲烫时，可采用点烫的方式以减少对服装的摩擦，避免出现极光现象。

15. 扣烫

扣烫是利用手腕的力量将服装熨烫部位的丝缕归顺，使其平服贴体。

16. 拉烫

拉烫是在使用右手熨烫时，有些部位需要左手配合进行拉、推、送等操作，才能更好成型。

二、压烫工艺方法及特点

压烫工艺是将服装夹于热表面之间并施加一定的压力，使服装获得所需立体造型或平整外观的熨烫加工方式。压烫工艺方法经常用在服装整体外观要求高，整烫面积比较大，面料织物组织比较紧密或织物比较厚重的加工场合（图7-2）。

图7-2　西服领子压烫

这种工艺方法比较适合西服、衬衣、制服等的整烫工艺加工。西装的领子、双肩、领头、驳头，袖子的胖肚、瘪肚、袖窿、袖山，后背、侧缝等部位对整烫工艺质量和造型效果要求很高。衬衣的纱线较细，为了增强覆盖效果而采用致密的织物面料，纱线弯曲度较大，如果没有较大的压力，很难将衬衣熨烫平整。制服通常要求挺括有型，所以对熨烫的要求也很高。

总之，压烫工艺对压力具有一定的要求。

三、蒸制工艺方法及特点

蒸制工艺是将服装成品放于设备的热表面上，在不加压的情况下，对服装喷射具有一定温度和压力的蒸汽，使服装获得平整挺括、外观丰满的效果。蒸制作业是一种接近自然的状态下，对服装进行的精整加工，因此，不仅能消除服装上一部分折痕，而且对消除熨制作业和压制作业中所形成的极光有较好的效果。这种工艺方法特别适合羊毛衫、呢绒类服装、毛型感面料服装的整烫加工。

蒸制工艺的主要特点就是整烫服装时，先将服装套上人形袋或人形模，通入高压蒸汽，使蒸汽从气袋内通过服装向外喷射，实现升温给湿，然后抽去水汽并通入热空气进行干燥定型，最后取下服装即完成整烫加工。因此，蒸制工艺是一种不破坏服装面料外观的立体整烫工艺（图7-3）。

图7-3 立体整烫机

第五节 服装包装与物流分配

服装的包装和运输在服装产品的物流配送环节，承担着比较重要的品质保证任务。

一、服装包装

由于服装成品搬运、气候差异和回潮率等因素的影响，服装的包装在保证服装做工和高品质方面起着不可忽视的作用，好的包装不仅可以提高产品的附加值，还能提高客户和消费者的满意度。

（一）服装包装要求

（1）服装颜色、尺码等符合客户订单的要求。

（2）服装外（大）包装和内（小）包装要符合要求。外包装所用纸箱上的箱唛内容准确清晰，字体规格不小于1.3cm（1/2英寸）；内包装上的文字内容要准确清楚，符合要求。

（3）所用衣架等包装材料要准确无误。

（4）服装折叠和包装方法符合规定，符合国内外物流管理的要求。

（5）所用胶袋和胶带等材料要符合要求。胶袋上的印字一般包括尺寸、纤维成分、注册码、原产地、警告语等，要求内容要正确；胶带上也要加印或加贴警示语。

（二）服装包装材料

服装包装材料品种繁多，主要有纸箱、隔衣纸、胶带、衬板、防潮纸、吊牌、袋卡等。服装包装材料的选用首先要考虑客户的要求，并结合服装材料的性能、使用环境、产品档次、运输方式等，综合考虑后再做出决定。

在实际操作中，要考虑的细节较多，比如，要防止服装受潮霉变，要防止金属纽扣生锈，要注意成衣折叠方法，要注意衣架类型、质量等，要注意胶带厚度、尺寸、封口及是否需要气孔等，要注意防潮纸和硬纸板的形状和尺寸，要注意服装颜色和尺码搭配比例，要注意纸箱重量、箱唛及装箱和封口等。

（三）服装包装品质检验

服装包装完毕后，需要检验的项目如下。

（1）纸箱材质、尺寸、重量等是否符合要求。

（2）核对箱唛内容是否准确无误。

（3）封箱方法是否正确。

（4）箱内服装颜色、尺码、数量是否与订单相符，是否与装箱单一致。

（5）服装在箱内的放置方法是否正确。

（6）胶带材质、印字、封口是否正确。

（7）衣架使用是否正确。

（8）服装折叠方法和成型尺寸是否符合要求。

（9）吊牌位置、朝向是否正确。

（四）服装外包装箱落体试验

服装的外包装大多采用纸箱，由于纸箱的承压范围有限，而且从高处跌落时容易损坏，故而常需要对纸箱进行落体试验以确保服装品质不易受损。纸箱落体试验是让装有货物的纸箱从规定的高度自由落下，以检验纸箱品质及其中的货物和包装有无损坏（表7-4）。

表 7-4　纸箱落体试验时被测物毛重与相应的试验规定高度

被测物毛重/kg	试验规定高度/cm
被测物重量≥4.536	91.44
4.536＜被测物重量≤11.793	76.20
11.793＜被测物重量≤23.133	60.96
23.133＜被测物重量＜31.751	45.72

二、服装物流分配

运输是服装物流分配的重要环节。由于服装易受潮和沾污，重量相对较轻，体积相对较大，包装材质承压范围有限等特点，对服装的运输，一般采用箱式货车或货柜集装箱的形式转运，并采用相应的防潮和防压措施。

服装物流分配应主要做好运输时间安排、运输路线优化、运输工具选择等几方面的工作。一些常见品牌，如耐克、ZARA的物流分配都是非常先进的，有许多值得学习的地方和经验（图7-4）。

(a) 包装　　　　　　　　(b) 物流配送

图 7-4　耐克服装包装与物流配送

ZARA 的产品上市几乎是全球同步，这主要是依赖其物流配送体系的完善。ZARA 采用买手物流运作机制，分别在世界上不同国家设立配送中心，以接近重点销售市场与加工协作厂商为设立原则。ZARA 的快速市场信息反馈机制，方便了物流的调配和使用，而且有效控制了各地店铺的库存量。ZARA 的物流不仅快速而且高效。

思考题

1. 服装整烫有哪些工艺要求？
2. 试述整烫的机理和影响因素。
3. 整烫工艺参数如何选择和确定？
4. 整烫作业方式的工艺方法各有何特点？
5. 服装包装和物流有何要求？

第八章
服装生产设备及应用

服装生产设备包括服装准备设备、服装裁剪设备、服装黏合设备、服装缝制设备、服装整烫设备、服装集成制造设备、服装包装及物流设备等。本章内容主要介绍除服装缝制设备以外的其他服装生产设备。

第一节 服装准备设备及应用

服装准备设备主要包括验布设备、预缩设备、铺布设备、断料设备等，这些设备的作用和工艺要求在前面章节里已有叙述，在此主要介绍相关设备的特点和应用。

一、验布设备及应用

服装面料在生产加工、储存、运输、搬移等过程中产生沾污、变形、破损等瑕疵不可避免，而面料的织造、染整、印花等疵点以及面料的长度、幅宽、色差、纬斜等指标也需要在服装生产前进行复核，所以，要对待加工面料进行重新检验，以确保所生产服装的品质，避免或减少残次品出现，提高效率和效益。面料品检主要通过验布机进行。

（一）验布设备工作原理

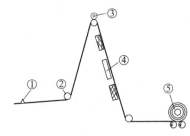

图 8-1　GT—W5A 验布机工作原理
①导布架　②导布辊　③复码装置
④验布台　⑤布卷

验布机的结构简单，主要是在验布台设置照明灯箱，其灯箱采光设计亮度按标准规定，确保检验准确，以导布辊牵引面料以一定速度经过验布台进行检验。以日本 NCA 公司的 GT—W5A 验布机为例，来介绍一下验布机的工作原理。图 8-1 中，面料由导布辊②牵引，通过验布台④进行验布。经检验后的面料，由卷布辊⑤卷成布卷。③是记录面料长度的复码装置，在布料运动时摩擦带动记长轮转动，对面料长度进行记录。有时可在验布台前（或后）设置熨烫装置，能将双幅面料的折痕在验布环节烫平。

（二）验布设备故障及处理

验布机的保养与维护虽然简单，但工艺要求高，不可马虎，其传动部位每天都要进行润滑和清洁，尤其要注意对验布台板和光照度的检查（表 8-1）。

表 8-1　验布机常见故障及处理

故障现象	故障原因	处理办法
布面歪斜无法运动	导布辊不平行	调整导布辊使之平行

续表

故障现象	故障原因	处理办法
卷布不齐	卷布辊与导布辊不平行	调整卷布辊与导布辊
导布、卷布不顺，发沉	传动部分安装不对、磨损或积垢	检查是否正确安装并做好清洁
机器有噪声	润滑不良、部件松动或磨损	定期润滑和检修，及时更换
导布辊或卷布辊周期性沉滞	转动部分轴承配合不好，或导布辊、卷布辊轴发生弯曲现象	调换检修零部件，校直转动轴
复码装置记长不准	记长轮磨损或与面料产生滑动摩擦	更换记长轮或增大与面料间的压力

（三）验布机的应用

图 8-2 为上海晶墨电子科技有限公司生产的 YB-Ⅱ 系列多功能验布机。该验布机采用高品质电器元件，工艺精湛，验布功能齐全，专为高档制衣、手袋、制帽等企业而设计，适合针织、梭织面料验布使用，劳动强度低，工作效率高（表 8-2）。

图 8-2　YB-Ⅱ系列多功能验布机

表 8-2　YB-Ⅱ系列多功能验布机技术参数

型号	宽度/mm	最大圆筒直径/mm	速度/(m/min)	齐边误差/mm	外型尺寸/mm	功率	重量/kg
YB-Ⅱ	1800	400	0～50	≤0.5	2450×1300×1650	200V	600
YB-Ⅱ	2400	400	0～50	≤0.5	3050×1300×1650	200V	800

YB-Ⅱ多功能验布机具有以下性能特点。

（1）内置精确红外线电子自动对边系统，确保卷布、布边整齐，自动操控放布功能，使富有弹性的面料实现无张力送布。

（2）电子无级调速，在 0～50m/min 范围内可任意调节，卷布可前可后操作，方便检漏的布匹回卷重验，满足布匹张力调节要求。

（3）配置不锈钢拨布棍，能将皱褶不平的面料拨平、卷齐，配置自动放布、送布功能，避免人工操作将面料拉坏变形。

（4）配置自动复位及自动停机功能，脚踏控制开关方便快捷，万向脚轮移动方便。

（5）前设工作台，易于纸筒上布、卷布、包装等操作，配回卷平台，更适合不同包装布料检验。

（6）采用高透光材料，有强劲内外灯光，使运行中的布料一览无遗。

（7）高精度计码器，准确记录布匹数量。

二、预缩设备及特点

国内服装企业常用的预缩机主要有橡胶毯式预缩机和呢毯式预缩机两种，可供纯棉、纯化纤、混纺面料和毛呢类面料预缩用。

（一）橡胶毯式预缩机及应用

橡胶毯式预缩机的预缩装置由水蒸气给湿管、进布加压辊、出布辊、加热辊、橡胶毯、橡胶毯张力调节辊等组成。面料的收缩由橡胶毯、进布加压辊和加热辊之间的压力以

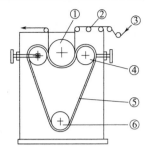

图 8-3　橡胶毯预缩机
①加热辊　②水蒸气给湿管　③面
料　④进布加压辊　⑤橡胶毯
⑥橡胶毯张力调节辊

及橡胶毯弹性引起收缩的作用而实现。橡胶毯预缩设备适合加工需要较大预缩量的面料，不适合弹性差易皱褶面料的加工（图 8-3）。

（二）呢毯式预缩机及应用

　　呢毯式预缩机由进布架、喷雾给湿箱、预烘烘筒、整幅装置、呢毯烘燥装置及传动装置等组成。面料经过均匀给湿及短时间整幅后随 5～14mm 厚的呢毯进入大烘筒，并利用呢毯面离开喂布辊时的曲率变化（反向回复变形）实现面料收缩，最后经呢毯烘燥装置烘燥。预缩整理后，面料缩水率可降至 1% 左右。呢毯式预缩设备适合加工预缩量较小的面料和轻薄易皱的面料，对面料作用轻柔，不适合加工预缩量较大的面料。

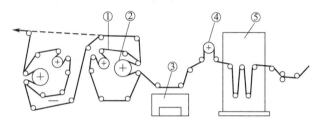

图 8-4　呢毯式预缩机
①呢毯　②烘筒　③整幅装置　④预烘烘筒　⑤喷雾给湿箱

（三）预缩设备保养与维护

　　预缩设备的保养重点应关注橡胶毯和呢毯的清洁，防止传送带老化或磨损、损坏，注意环境卫生和零部件润滑和重要部件的更换（表 8-3）。

表 8-3　预缩机的故障及处理

故障现象	故障原因	处理办法
面料预缩量，不符合要求	面料走速过快，湿度小，温度低，橡胶毯或呢毯太薄，加热辊直径太大，都有可能影响面料的预缩率	调慢布速，提高温度，调换较厚的输送带（25.5～67mm 为宜），更换加热辊（300～350mm）
橡胶毯、呢毯变形损伤	橡胶毯或呢毯质量有问题，进布辊、加热辊和出布辊、加热辊之间配合不正确，毯式带包角过大，毯带损伤	调换质量好的橡胶毯或呢毯。毯式带的厚度为 25mm 时，进布辊与加热辊的间距为 25～33mm，出布辊与加热辊的间距为 25～30mm，此时，加热辊圆心高于进出布辊 1mm
布面歪斜、卡死	进出布辊与加热辊不平行，面料没有沿切线方向进布	调整进出布辊与加热辊之间的平行度，矫正进布方向
进出布辊、加热辊转动不良	进出布辊及加热辊受磨损配合不好或辊轴弯曲变形。传动齿轮、链轮磨损，新轴承配套不良	校正辊轴，更换受损机件，检修部件间的配合

三、铺布设备及应用

　　因为铺布工艺的重要性，服装企业现在多采用自动铺布设备，而且在有条件的情况下会尽可能采用自动铺布与裁剪一体设备。

（一）铺布台规格要求

铺布台的长度和宽度随面料的幅宽及生产需要而定，常见宽度为1200～1800mm，外衣类常用宽度为1800mm、长度为12000～24000mm的台面；内衣类常用宽度为1600mm、长为3000～6000mm的台面。考虑到工作时操作是否方便，铺布台的高度一般为850mm，台面要求平坦、光滑富有弹性。铺布台有时也可作为裁剪台使用，金属台腿常带有螺杆以便调节台面的高度。

（二）自动控制拖铺设备

自动控制拖铺设备采用微机控制，自动化程度大大提高。其拉布长度、布边对齐、行走速度、松卷速度、布卷自动放定、布卷旋转、夹紧切断面料等装置均由计算机自主控制，并能记忆拉布条件，控制铺布层数及拉布长短等。另外，还具有布卷升高侧向转动180°的机构，可进行对向辅料等操作（图8-5）。

图8-5　智能型铺布设备

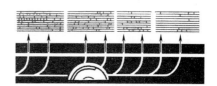

图8-6　吸气和气垫装置工作原理

（三）空气衬垫和吸气装置

拖铺设备的铺布台和裁剪台一般采用空气冲气衬垫和空气吸气装置。图8-6中的装置能使面料层容易移动且无错位，并能使面料层紧贴避免布面滑动。空气衬垫装置应用在铺布台上，台面为橡胶板，面上均布2～3mm的小喷嘴，压缩空气穿过铺布台自孔中喷出，使布面层与台面之间形成气垫，消除面料与台面间的摩擦，以便操作者顺畅地把布层送到其他台面上。空气吸气装置能使各层面料之间紧贴。

四、断料设备及应用

断料机与拖铺机常组合在同一设备上使用。其主要工作机构包括可防止面料被拉长的积极式退布、送布机构；可根据面料种类和厚薄情况改变拉铺速度的无级调速机构；可使面料整齐的面料对齐装置；自动断料机构，由于装有疵点检验装置，该机构将有疵点的面料剪断，然后再将面料拉到合适位置铺放后继续铺料。另外拖铺台两头需要剪断，也需要自动断料机。表8-4为常见拖铺机和断料机的故障及处理。

表8-4　拖铺机和断料机的故障及处理

故障现象	原因	处理办法
拖铺机构运转不良或停滞	驱动齿轮、链轮、链条或齿条磨损，或严重损坏；润滑不良或油污杂质阻塞	检修或更换损坏的零件；清除油污、杂质，定期加注润滑油

续表

故障现象	原因	处理办法
拖铺机倾斜拉布,布边不齐,夹布器夹不住布	送布辊轴线与夹布器不平行;夹布口不清洁,有杂物;夹布压力小,夹布不灵活	调整送布辊轴线与夹布器的平行度;清除夹布口中的杂物;更换或修复夹布弹簧
走布计数不正确	计数箱触头和定长头有油污或杂质;光电元件不清洁	清除光电元件、计数箱触头和定长头上的油污、灰尘
断料机割不断面料	压力或油压不够,断料裁刀不锋利	调节工作压力,或油压,以及滑臂行程;经常刃磨裁刀,保持锋利
形不成空气衬垫或吸不住布层	橡胶台板的小喷嘴或吸嘴受阻,台板下的气路管道不通;电动机转向错误,连接管道漏气,风叶片转动不灵活;轴向间隙或径向间隙过大,叶片和转子装反	清除喷嘴或吸嘴中的灰尘、纤维等杂质;保持气管畅通;纠正电动机转向;检查紧固件或修复连接处;修复或更换有关零部件,纠正转子和叶片方向
油压式断料机没压力,吸不上油液或压力提不高	油面过低,吸不上油;叶片在转子槽内配合过紧;油液黏度过大,使叶片移动不灵;油泵有砂眼裂纹等;配油盘变形牙与泵体接触不好,电动机转向不对,吸油不通畅;各油路管道连接处漏油	定期检查保证油量;更换或修理叶片,换黏度较小的机油;更换油泵体,修整配油盘的接触面,纠正电动机转向;清洗滤油器并定期更换检查紧固件或修复喇叭口
油压式断料机的液压元件噪声严重	吸油密封不严,联轴器安装不同心或松动,电动机转速高于油泵额定转速	调整吸油管密封,调整或检修联轴器,更换电动机或降低转速
因易损零件磨损,噪声增大,振动加剧	断料机的滑槽与滑块长时间没有加润滑油而导致磨损加剧;切刀磨损严重,各轴的轴承较脏或损坏	定期给滑槽与滑块加注润滑油,并使之有良好的配合状态;更换新切刀;要经常清洗轴承并加润滑油,若轴承损坏则需换新轴承

第二节 服装裁剪设备及应用

裁剪设备种类较多,性能各异,用途也有很大不同。在此就常见的裁剪设备特点及应用作以下介绍。

一、裁剪设备分类

裁剪设备按使用的刀具不同可分为直刀裁剪设备、带刀式裁剪设备和圆刀式裁剪设备;按接触方式不同可分为接触式裁剪设备和非接触式裁剪设备;按工作方式不同可分为手动式裁剪设备、手动自适应(半自动)裁剪设备和自动裁剪设备。

二、典型裁剪设备及应用

(一)直刀裁剪设备

直刀裁剪设备的性能特点主要有以下几点。

(1)结构简单、易于维护、价格较低。

(2)对操作工有较高技术的要求。

(3)机器重心高,转弯阻力大。

（4）适于裁剪较大裁片和形状简单的裁片。

直刀裁剪设备刀具有直线刀刃、锯齿刀刃、细牙刀刃和波形刀刃四种刀刃形式。直线刀刃为一般面料裁剪常用刀具，另外三种刀具为专用裁刀，可用于裁剪塑料薄膜或合成纤维面料等（图8-7）。直刀往复式裁剪机工作原理是采用一个曲柄滑块机构，将电机的转动转换为直刀的上下往复切割动作。

表8-5为常见直刀往复裁剪设备的技术参数。

图8-7　直刀往复式裁剪机

（二）带刀式裁剪设备及应用

带刀式裁剪设备的性能特点有如下几点。

（1）带刀自上而下单向切割，裁剪更平稳。

表8-5　部分国产直刀往复裁剪设备的主要技术规格

机型 参数	CB—3	Z12	Z12—1	Z12—2	Z12—D	DJ1—3	DJ1—4	DJ1—4D	CJ71—1
最大裁厚/mm	30	100	150	200	200	100	70～160	70～160	100
电机功率/W	40	350	350	350	350	370	550	370	400
额定电压/V	380	380	380	380	380	66	66	220	62
刀具往复次数/（次/min）	2800	2800	2800	2800	2800	2800	2800	2800	2800

（2）适宜切割小片和形状复杂的裁片。

（3）带刀机有气垫装置，面料推送阻力大大减小。

（4）可边工作边磨刀。

（5）散热好、切割速度快、裁剪厚度大。

图8-8为带刀式裁剪设备及工作原理图。带刀为环型单边开刃细钢带，其厚度仅0.4～0.5mm，宽度为10～12mm，长度超过2m。带刀环绕四只转轮并张紧，在电动机驱动下，逆时针转动，在裁床固定位置自上而下做单向切割运动。操作人员可利用专用布夹推动较大块多层面料沿衣片轮廓进给刀刃裁割。带刀裁剪设备通常和直刀式裁剪设备配合使用。

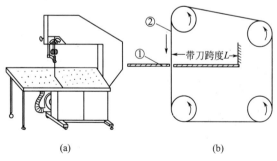

（a）　　　　　　　　　（b）

图8-8　带刀式裁剪设备及工作原理图
①裁剪工作台　②环形带刀

带刀式裁剪设备的工作台分普通式和气垫式两种。多层裁片（底部要垫牛皮纸）在气垫式工作台上推动十分轻便。环型带刀的焊接需要在专用对焊机上进行。表8-6为常见带刀设备的技术参数。

表 8-6　部分带刀设备的主要技术指标

参数 ＼ 型号	DZ—3	DZ—3A	DCQ—1	DBZ101	NS—810
裁剪厚度/mm	250	250	300	250	280
钢带跨度/mm	820	1200	600	1000	700
钢带速度/(m/min)	570/700	665/850	570～936 可调	640/800	
带刀规格/mm	0.5×13×(3900～4150)	0.5×13×(4670～4870)	0.6×13×4770		0.45×10×3500
台面尺寸/mm²	1200×2300	1200×2965	1200×2400	2400×1500	1200×1600
电机功率/kW	1.1	1.1	0.75	1.1	带刀 0.745 风机 0.19
适用场合	适合棉、麻、丝、毛、化纤、皮革等面料(尤其是针织)	适合宽幅面料裁剪	适合合成革、毛毡、海绵等面料及棉、化纤针织面料	适合针织、棉布、化纤等面料	气垫裁台;钢带定位装置;有照射灯

(三) 摇臂式直刀裁剪设备

摇臂式直刀裁剪设备属于服装企业生产的主力设备,其性能特点如下。

(1) 裁剪阻力和转弯阻力小,可一次完成大小裁片和形状复杂裁片的裁剪。

(2) 灵活省力,裁片尺寸和形状一致性好。

(3) 对工人技术要求低、劳动强度小、生产效率高。

(4) 可以始终保持切刀垂直于切割面进行有效切割。

(5) 可从任意位置开始切割。

图 8-9 为摇臂式直刀裁剪设备,其工作原理是模拟熟练操作工手握直刀往复裁剪设备操作的最佳工作状态。其中立柱相当于人体躯干,行走机构相当于人的双脚,一二级摇臂分别对应操作员的前臂和后臂,当手控制切刀沿裁片轮廓移动时,一二级摇臂之间(前、后臂)在行走机构的自动调整下,始终保持恒定的夹角不变,确保最佳切割状态(图 8-10,表 8-7)。

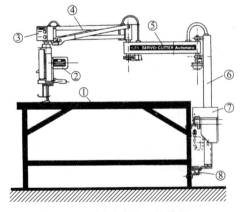

图 8-9　摇臂式直刀裁剪机
①裁剪台　②直刀机　③升降控制器　④一级摇臂
⑤二级摇臂　⑥立柱　⑦行走机构　⑧导轨

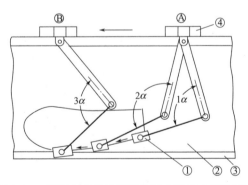

图 8-10　摇臂式直刀裁剪设备行走机构工作示意图
①直刀机　②布层　③裁剪台　④行走机构

表 8-7　国产西湖牌摇臂式直刀裁剪设备主要技术参数

项目 ＼ 型号 ＼ 参数	YC09	YC14	YC19	YC24
裁剪厚度/mm	90	140	190	240
裁剪速度/(m/min)	15～25			
工作台宽度/mm	1200～2000			
电压/V	220/380			
电机功率/kW	0.85			
适用范围	棉、毛、丝、麻、化纤、皮革等面料的裁剪			

（四）自动裁剪设备

1. 自动裁剪设备的性能特点

（1）与服装 CAD 联机使用，衣片精度高，切口整齐。

（2）上下运动的裁刀透过面料层后，在弹性良好的鬃毛式裁床中移动，不会损伤刀具。

（3）裁刀由计算机控制运动，面料平服吸附稳定，裁刀宽度小并能自动刃磨。

（4）所有裁片一次成形，并完成打号、定位，生产效率高。

自动裁剪设备是利用服装 CAD 软件的排料数据，使用 CAM 设备，通过光电、机电等信号转换实现自动定位、打号、切割等一系列工作。裁剪时采用上下往复运动的刀具切割或采用激光切割（图 8-11，表 8-8）。

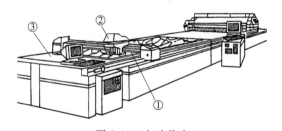

图 8-11　自动裁床
①裁剪衣片　②坐标式裁刀　③鬃毛垫裁床

表 8-8　部分自动裁剪设备主要参数

项目 ＼ 型号 ＼ 参数	法国力克 E93 系统	美国格伯 S-95 系统	西班牙 INVESCUT3/4/5 型
系统性能	占用空间少；具有供料、裁剪、卸料三大功能；与计算机联机工作；三组切割刀头；速度高、精度高、程式化	超速自动裁割（速度 20320mm/min，裁厚 10cm）；绒面方形裁床；勿需增纸垫或胶罩	可按要求输入裁剪数据；屏幕自动显示参数、出错信息等；调整、控制、数据转换功能等；质量提高，省料 5%，成本下降
硬件配置	鬃毛台面；移动操作台；微型扫描；多种控制器；微机控制	主面板电脑控制；刀架变速控制；定位伺服机构电源；鬃毛垫裁台；真空吸气装置等	控制器包括控制板、逻辑轨道、辅助源、逻辑源；裁剪头包括裁刀、标准跟踪、打孔、照明、润滑、自动磨刀等装置；裁剪臂包括方向传动电动机、小屏幕控制器、通信系统；裁床可伸缩，最长 2600mm
相关产品	E97-3 型薄布切割系统；E22 型激光切割纸板系统；E161 型激光切割系统；E182 型水压喷水切割系统；VECTOR-2500 型	S-91 重型电脑自动裁剪系统；S-93 重型输送带式自动裁剪系统；S-3000 型	

2. 自动裁剪设备的应用

图 8-12 为上海和鹰机电科技股份有限公司生产的自动裁床用于牛仔布裁剪的应用，其裁床没有采用鬃毛垫裁床，而是新型的尼龙刷垫裁床。

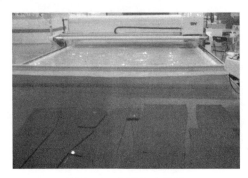

图 8-12　和鹰自动裁床

（五）圆刀式裁剪设备

圆刀式裁剪设备具有以下性能特点。

（1）单向旋转切割，运动平稳，振动小，无须压脚。

（2）适用于硬质材料切割，多用于辅料的断料。

（3）直线切割性能好，不易跑偏走歪。

（4）切割时拐弯难度大，多层裁割时衣片一致性差。

圆刀式裁剪设备工作时，依靠裁刀的高速旋转做直线裁割运动。刀具的形状有圆刀形、多边形、锯齿形和波浪形等。该设备主要用于样衣间和纸样制作，适合单件或少层（5 层以下）面料裁剪（图 8-13，表 8-9）。

图 8-13　圆刀式裁剪设备

表 8-9　部分圆刀式裁剪设备主要技术参数

项目 \ 型号 参数	YC70—M	WD—1	WDJ1—1	WD—1	D2/D2H
裁剪厚度/mm	70	8	7	8	12.7
裁刀转速/(r/min)	3000	2500	1300	2400	
裁刀尺寸/mm					57.2

续表

型号 参数 项目	YC70—M	WD—1	WDJ1—1	WD—1	D2/D2H
电机功率/kW	0.2	0.045	0.04	0.056	0.075
电源电压/V	220	220	220	220	110/220 50/60Hz 单相
重量/kg	9		0.6	0.8	
性能与适用范围	带刃磨装置；适合棉、麻、丝、毛、化纤等织物，如毛毯类	微型手握式；带磨刀砂轮；裁刀有圆形、多边形等	微型手握式，带磨刀装置	微型手握，带磨刀砂轮；摆动式油毡润滑器；带反向切刀	微型裁刀，可装长手柄；有磨刀装置；少层裁剪；适合薄料、厚料等

（六）压裁设备

压裁设备具有以下性能特点。

（1）压裁机是利用压力裁剪的特种设备，分机械和油压两种。

（2）适于衣领、袋盖、袖口等特殊形状的小型裁片。

（3）刀具按衣片加缝边尺寸特制，刀刃呈封闭形，靠冲压裁剪。

（4）刀具制作费用昂贵，仅用于超大批量。

压裁设备也称为冲裁式设备，该类设备的裁刀是用合金工具钢或硬质合金材料制成的封闭成型刀具，其刃口形状与衣片外形尺寸一致。将成型刀具置于叠放在工作台的多层面料上，靠压力把刀具压入面料层，即可裁割出成型良好的小型复杂形状的衣片。相比机械加压方式，油压裁剪更平稳可靠（图8-14）。

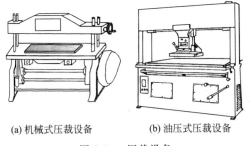

(a) 机械式压裁设备　　(b) 油压式压裁设备

图 8-14　压裁设备

图 8-15　电热式裁剪设备

（七）电热式裁剪设备

电热式裁剪设备具备以下性能特点。

（1）专门用于裁剪化纤面料及其他热熔性织物。

（2）裁剪速度快、操作方便，温度可调。

（3）裁剪边可有效防脱散。

电热式裁剪设备专门用于化纤面料或其他热熔性织物的裁剪。裁剪时，可根据面料耐热情况调整电热丝的工作温度，将面料按要求进行热熔断料，而面料边缘形成的热熔带可有效防止织物脱散（图8-15）。

（八）非接触式裁剪设备

非接触式裁剪设备具有以下性能特点。

（1）可裁割各种形状复杂的裁片，缝料损耗少，衣片精度高。

（2）不需要磨刀和换刀，始终保持最佳切割状态。

非接触式裁剪设备主要有高压水流裁剪设备和激光裁剪设备两种。该类设备主要用于刀刃式裁剪设备无法有效裁剪的面料，如皮革或较硬的服装材料，服装企业较少使用。

三、裁剪辅助设备及应用

裁剪辅助设备及工具种类较多，最常见的有定位设备和编码设备。

（一）定位设备

定位设备的作用是在裁片上标示出省位、裥位、口袋位置以及衣服部件间的配合位置等定位记号。

1. 电热切口设备

电热切口设备用于在多层裁片边缘的特定位置烙出 V 形切口，标示出缝纫位置，其温控分三级，可适用不同面料（图 8-16）。

图 8-16 电热切口设备　　　　　图 8-17 钻布设备

2. 钻布设备

在多层铺布上划样时，常在第一层面料上显示出衣服部件在衣片上的缝制位置以及打褶部位、锁眼的终点、钉扣位置、线缝起始位置等。利用钻布设备通过钻孔的方法可将以上位置转移至各层裁片上，作为缝纫基准。钻布时钻头选择至关重要（图 8-17）。

3. 打线钉设备

打线钉设备主要用于对不能使用钻孔设备的面料进行定位，其定位记号是 2～4mm 长的"线钉"。如含毛量高的西服，由于羊毛良好的弹性恢复能力使得钻孔设备留下的钻空会重新弥合甚至消失，故需要打线钉设备来定位（图 8-18）。

图 8-18 打线钉设备
①手柄　②针筒　③底座

（二）编码设备

在服装生产中，为了便于管理，防止出现色差和错片等，需要对每个衣片进行编码。常用的编码设备是打号机。批量生产时，可用打号机在每片裁片上用一组数字标出该裁片属于哪一床铺布及所在的铺布层数、规格号等，以避免色差及裁片规格的错乱；也可用工作效率很高的热封标签机替代打号机打号，减轻劳动强度。

四、裁剪设备保养与维护

裁剪设备的保养要做到定时给机器加注润滑油，按规定及时更换易损零部件并经常清洁等，使设备充分发挥良好性能，延长使用寿命。

裁剪设备使用一段时间后，各配合部位和运动部件会产生一定磨损，需要进行调整和更换，如刀片、刀架、铜压脚、滚动轴承等。经过调整和维护的设备噪声小、精度高，工作状态良好。

第三节　服装黏合设备及应用

黏合设备的合理选择是黏合工艺质量的保证，也是黏合工艺参数得以实现的关键。不同的黏合设备其性能特点和适用范围存在明显差异。服装生产中常用的设备有板式黏合设备与辊式黏合设备两类。板式黏合设备接触面积大，工艺参数可调范围大且可连续调整，特别适用于压力大、时间长的加工条件，如衬衣、西服、中山装、制服等；而辊式黏合设备加工连续性好，适合小件加工，如衣领、袋盖、袖口等部位的局部黏合。采用辊式黏合设备进行小件黏合加工时尽量使用两次以上加压的设备，可确保较好的工艺质量。

随着消费者对服装工艺品质的要求提高，生产企业对黏合设备的性能要求也日渐增强。比如要求设备能实现黏合工艺参数的优化控制，热利用率高、能耗低，能自动报警和故障检测能力，工艺时间短、自动化能力强等。

一、黏合设备的表示方法

国产黏合设备的型号表示分设备名称、加压方式代号和冷却方式代号三部分。

（1）设备名称，用"NH"表示，即"黏合"的第一个汉语拼音字母缩写。

（2）加压方式代号，用汉语拼音"B"或者"G"表示，"B"为加热板面积表示板式黏合机，"G"为传送带宽度表示辊式黏合机。

（3）冷却方式代号，用"F"或者"S"表示，"F"为抽风冷却，"S"为水冷式，自然冷却则省略不予表示。

型号表示示例：

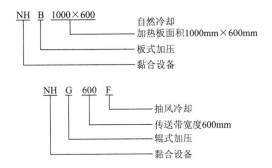

二、黏合设备的分类

黏合设备种类很多，按不同分类标准分类如下。

（一）按加热热源分

按加热热源，黏合设备分为电热式黏合设备、汽热式黏合设备和微波热源式黏合设备等。

（二）按压力产生来源分

按压力产生来源，黏合设备可分为液压式黏合设备、气压式黏合设备和弹簧加压式黏合设备等。

（三）按加压方式分

按加压方式，黏合设备可分为板式黏合设备和辊式黏合设备两种。

（四）按冷却方式分

按冷却方式，黏合设备可分为水冷式黏合设备、抽风冷却式黏合设备和自然冷却式黏合设备三种。

三、黏合设备的性能要求

为确保黏合效果，对黏合设备的性能有以下一些具体要求。

（1）可以对黏合工艺的主要参数如温度、压力和时间实现优化控制。
（2）能实现恒温并有效降低能耗，热利用率要高。
（3）对容易热缩变形的面料能在较低温度下实现黏合，且不影响其服用性能。
（4）有自动故障报警显示，能及时发现和解除紧急状况，便于维护。
（5）传送带保养容易，有较长的使用寿命。
（6）有机械臂自动收放料机构和电脑排放料装置。
（7）能自动校正工艺参数，保证黏合质量。
（8）可以快速冷却定型，工作效率高。

四、黏合设备的特点及应用

（一）板式黏合设备

板式黏合设备的结构主要由加热板和顶板组成。加热板是连接热源的固定平板，顶板依靠传动控制机构进行上下运动，两板吻合时将工件夹在中间，由加热板进行升温，经过一定时间，熔融的黏合剂在压力的作用下渗入面料黏合，完成黏合后，两板分离并冷却定型。

板式黏合设备采用面接触加压方式，黏合工件静止，压力大且加压时间长，主要工艺参数温度、压力和时间等可在较大范围内连续调整，适应性强。

图 8-19 为 NH-B1000×600 型板式黏合设备。加热板内装电热装置，加热板的温度、加压板的压力以及加压时间可通过电控箱设定。该设备采用液压板式黏合作业方式，加热面积大、结构简单、维修方便、压力大，总压力可达 $1.32×10^5$ N，可用于衬衫、西服、中山装等衣片黏合衬里。

（二）辊式黏合设备

辊式黏合设备的特点是采用线接触加压方式，黏合工件是运动的，一般先加热后加压，加压时间短，温度、压力和时间可根据情况进行间歇式调整，操作简便。

为了改善工艺参数可调整范围以适应加工要求，较先进的辊式黏合设备常采用无级变速电动机和链传动方式，带动两副聚四氟乙烯传送带工作。黏合工件夹在两层带中加热后升温，使得黏合剂熔融，经过一对胶辊加压黏合，然后冷却定型。加压方式可采用液压或气动加压实现，压力范围为 $0 \sim 5.88 \times 10^5$ Pa。加压时间通过带速调整实现，带速可调范围一般在 $0 \sim 12$ m/min 之间。温度调节仪和传感器控制，范围为 $30℃ \sim 200℃$。

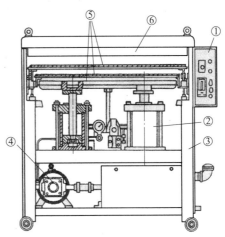

图 8-19 NH—B1000×600 型板式黏合设备
①电气控制箱 ②液压缸 ③机架
④液压泵 ⑤加压板 ⑥加热板

辊式黏合设备可连续工作，黏合工件长度不受限，适合大面积黏合要求，生产效率高，但需要较长的预热区域，易造成衬与面料的位移，且设备体积占用空间较大。

图 8-20 为 NH-G1000F 辊式黏合机的工作原理图。该设备由上、下传送带架和底架三个独立部分组成，传送带为整体结构，带宽 1000mm，辊式加压，抽风冷却。

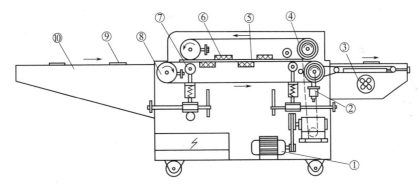

图 8-20 NH-G1000F 辊式黏合机的工作原理图
①调速电动机 ②加压缸 ③风扇 ④加压辊 ⑤传送带 ⑥电热板 ⑦张紧轮
⑧吸筒 ⑨黏合工件 ⑩进料台

图 8-21 为 NH-G200 多功能微型辊式黏合机的工作原理图。该设备加压辊为悬臂式丝杠机械加压，带宽 200mm，可进行局部黏合，特别适合袖口、门襟等小部位黏合，不需黏合的部位可在辊外通过。配有专用附件，可满足各种式样的口袋折烫和裙带折烫。

黏合工件在进料台上排好后，送入两传送带中，经过加热区时黏合剂熔融，再经一对加压辊加压黏合，完成黏合后落入回程传送带自然冷却，然后在收料台集中。

五、黏合设备的使用与保养

黏合设备调试好后，要先检查传送带是否清洁、有没有黏合剂残渣等异物，然后根据工艺要求进行试黏合，以确定最佳的工艺参数，为正式黏合做好准备。正式黏合开始后，要随

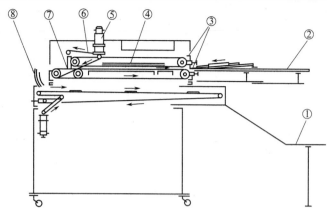

图 8-21　NH-G200 多功能微型辊式黏合机的工作原理图
①接料台　②进料台　③张紧装置　④电热板　⑤电动机　⑥传动杆
⑦热压传送带　⑧传送带

时观察黏合参数是否有变化，如需要应及时对黏合参数进行修正。为保证黏合质量，黏合时要使黏合衬边沿比衣片略小些，并使胶面朝向衣片，喂入衣片时应小心谨慎。黏合完成后可先用目测法对黏合部位的质量进行直观预检；待衣片完全冷却定型后再用撕裂法测试剥离强度是否符合工艺要求。设备工作期间如遇停电或出现故障时，要及时取出加工衣片，以免造成残次品（表 8-10、表 8-11）。

表 8-10　常见板式黏合设备的主要技术参数

项目 参数 型号	佳友 NH—B	双菱 NH—B 1000×600	上海 TPM5.6—7	羽岛 HP—124/125	艺诚 NS—2550
压力/MPa	0.38~0.45	0~0.2	0~0.5	0.07~0.38	0.2
加热温度/℃	150~200	常温~200	0~300	220	200
加热功率/kW	6	12	9.9	3.2~4.5	2.3
工作面积/mm		1000×600	560×700	1200×400/500	254×711
黏合时间/s		0~2			
性能和用途	适用面料与黏合衬黏合	适合各种黏合衬	适合衬衫衣领、袖口黏合	适合大衣、夹克、裙裤、T 恤等	双手柄加压；双物料架

表 8-11　常见辊式黏合设备的主要技术参数

项目 参数 型号	佳友 DN—1000	双菱 NH—G1000—F	羽岛 HP—90LD	三达 NHJ—900A	NHG—500
压力/MPa	0.1~0.5	0~0.5	0~0.4	0~0.4	0~0.2
加热温度/℃	150~200	常温~200	0~200	0~200	200
黏合宽度/mm	1000	1000	900	900	500
传送带速度/(m/min)	1~6	0~12	0~10.2	1~10	0~7.5
加热功率/kW	18	12	9.6	9.6	3.9
性能与用途	气动加压；适合前胸、门襟、腰头、驳头、贴边、袖口等黏合	温度、压力、速度无级可调；风冷方式；适合服装所有部位的黏合	气动加压；电子恒温	硅橡胶传送带；机械加压、电子控制、自动纠偏；手动保护；适合面料热黏和湿缩定型	单边开口设计；适合前身门襟贴边、领衬、袖衬等黏合

黏合设备长时间不用时，应将工作压力及时调零，以防设备受力部件变形影响以后工作。一般情况下，工作完成后，应关闭加热器，打开机盖自然散热冷却，并使设备空转15～20min后停车，最后关闭总电源。清洁传送带以保持其卫生，避免异物进入划伤或带面腐蚀损伤，需使用专用清洗剂清洗保养。

第四节 服装整烫设备及应用

按整烫作业方式，服装整烫设备可分为熨制设备、压制设备和蒸制设备三大类。

一、熨制设备及应用

采用熨斗进行熨制作业是服装熨烫加工中的基本作业方式，经历了从简单到复杂，从单一到成套的长久历程。从最初的烙铁，到如今的蒸汽调温熨斗，熨制设备的主要工具已设计得较为合理与实用，在生产实践中发挥着很大的作用。而且，与蒸汽熨斗配套使用的各种烫馒、烫台以及蒸汽锅炉等设备应运而生，并不断改进、完善。熨斗是服装行业使用最为普遍的熨烫工具之一，由于体积较小，使用方便灵活，既能在缝制工序中用于衣片的熨平，劈开缝头或进行"归""拔"造型，也可用于成品服装的熨烫，因此对批量生产、单件或小批量生产均能适应。

熨斗发展至今，品种较多，常见的有普通电熨斗、调温电熨斗、滴液式蒸汽电熨斗、成品蒸汽熨斗及蒸汽电熨斗等。下面介绍一些主要熨烫设备的工艺应用。

（一）调温电熨斗

调温电熨斗依靠调温装置对工作温度进行调节，因此适应性较强。

调温电熨斗的调温方式常见的有双金属片触点式和电子式两类，双金属片触点式调温器置于熨斗壳内靠底板处，其工作原理如图8-22所示。导线A、B串接在电热芯电路中，通电前，弹簧片②、③的触点接触，通电后，电热芯加热，底板开始升温。固定在熨斗中的双金属片由于两种金属热涨系数不同而产生弯曲，当温度升至一定程度时，上弯的双金属片将弹簧片②顶起，弹簧片②、③的触点断开，电源切断，加热停止，熨斗

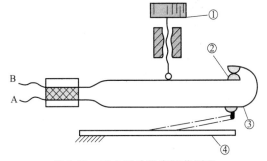

图8-22 双金属片温度调节原理
①调温旋钮 ②③弹簧片 ④双金属片

温度开始降低，双金属片的弯曲也开始恢复，恢复到一定程度，双金属片④即脱离弹簧片②，触点再次接通，加热重新开始。这样将温度控制在一定的范围内。

利用调温旋钮①的旋入或旋出，可改变两弹簧片触点压力，即可以改变触点分离的时间，从而控制熨斗的升热时间，这样就可以改变熨斗的工作温度。显然，触点压力越小越容易被双金属片推开，熨斗工作温度也就越低。

双金属片调温装置的结构简单，价格低廉，但调温误差较大，最大时可达到±8℃。采用电子调温器的电熨斗可以更准确地控制工作温度，其温控误差可保持在±3℃。电子温控

器一般连接在熨斗的控制电路中。

(二) 蒸汽熨斗

蒸汽熨斗能对面料进行均匀地给湿加热，熨烫效果较好，工业生产中大多采用蒸汽熨斗。根据蒸汽供给的方式，蒸汽熨斗可分为成品蒸汽熨斗、滴液式蒸汽熨斗和电热干蒸汽熨斗。

图 8-23　成品蒸汽熨斗

1. 成品蒸汽熨斗

成品蒸汽熨斗是由外接蒸汽进行加热的，本身没有加热装置，通常又称蒸汽熨斗（图 8-23）。成品蒸汽熨斗具有温度均匀、自动喷雾加湿、使用方便安全、不损伤织物等特点，在服装、针织、洗染行业中应用较为广泛，但是由于熨烫温度不超过 150℃，对需要较高熨烫温度的衣料不太适宜。

成品蒸汽熨斗使用锅炉或电热蒸汽发生器产生的成品蒸汽，将具有一定温度和压力的成品蒸汽通入熨斗中，使用时，拉动或拨动汽阀柄，成品蒸汽便由汽管经阀门穿过汽道，由熨斗底板喷汽孔喷出。

使用专用锅炉提供蒸汽的成品蒸汽熨斗熨烫时，面料完全由熨斗喷出的蒸汽加热，所以熨烫的温度可保持相对稳定，使用安全。一般蒸汽加热温度在 120℃ 左右，蒸汽压力为 245Pa。但是，成品蒸汽熨斗所用辅助设备复杂，需要有专用锅炉和蒸汽管路，初期投资费用较高，通常用于生产西服、制服、衬衫等品种相对稳定、熨烫加工量较大的大、中型服装企业。

对于生产品种变化较大的时装类中小型服装厂，可考虑采用由电热蒸汽发生器提供成品蒸汽的方式，但电热蒸汽发生器的耗电量较大。需要注意的是，采用专用锅炉提供蒸汽时所用的熨斗，与采用电热蒸汽发生器提供蒸汽的熨斗种类不同，应区别开来。

这类熨斗由于使用外接蒸汽，所以必须配备专门的蒸汽发生器（图 8-24）。

2. 滴液式蒸汽电熨斗

这类熨斗通常在工作台上方挂一个吊瓶，内装经软化处理的自来水或蒸馏水，由水管与熨斗相通。熨烫时，操作者按控制阀或触摸开关，水流入熨斗后遇热立即汽化，经底板汽孔喷向物件，既能提高熨烫质量，又可避免烫坏衣物。

现在使用较多的挂烫设备等，其工作原理类似。

3. 电热干蒸汽熨斗

电热干蒸汽熨斗也使用成品蒸汽，但是在熨制过程中，可利用熨斗内装入的电热体，再次加热成品蒸汽，使其成为具有更高温度

图 8-24　全自动蒸
汽发生器

的干热蒸汽，以提高熨制效果。电热干蒸汽熨斗的温度，可在 110℃～220℃ 的较大范围内进行调整。电热干蒸汽熨斗通常配有电子调温器及真空熨烫台等。

(三) 抽湿烫台

抽湿烫台常与熨斗配合使用完成服装熨烫作业，当与不同形状的烫馒组合时，还可组成

具有各种特殊功能的专用熨烫台，如双臂式烫台、筒形物用烫台等，适合服装的中间熨烫或小型服装厂的成品整烫。

抽湿烫台的原理是利用离心式低噪风机形成真空效应，在熨烫工作台面产生负压，将被熨材料吸附于台面上，确保熨烫过程中衣物不产生位移，使熨烫后的服装平整、挺括和干燥。有些熨烫台还增加了许多其他的功能，如，台面及烫馒调温烘干装置，可有效保证台面及烫馒衬布的干燥和通风，使被烫物干燥挺括，定型更稳定；手柄式风向转换，可使吸风与喷吹转换操作方便灵活；将转臂置于工作位置时，抽湿或喷吹功能自动转到烫馒；台面可升降、转位调节，以适合不同身高的作业者。

抽湿熨烫台按功能可分有吸风抽湿烫台和抽湿喷吹熨烫台。

1. 吸风抽湿熨烫台

吸风抽湿熨烫台设备在服装企业有广泛应用（图8-25）。

吸风抽湿烫台工作时，可将服装或衣片平展地吸附在台面或烫馒上，用蒸汽熨斗进行熨烫。作业结束后，抽湿冷却使熨烫效果得以稳定保持。烫台上的烫馒可根据熨烫部位不同更换。

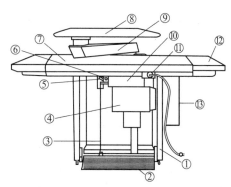

图 8-25 吸风抽湿熨烫台

①机架 ②抽气踏板 ③拉杆 ④离心风机 ⑤风量调节阀 ⑥调节柄 ⑦工作台 ⑧烫馒 ⑨馒臂 ⑩缓冲器 ⑪开关 ⑫熨斗放置台 ⑬排气箱

烫台平面和烫馒表面包覆着透气良好的包布，里面有透气软垫并由金属网支撑，使台面柔软而具有弹性。使用台面整烫时，可通过手柄关闭烫馒风道；使用烫馒进行熨烫时，变动手柄位置即可关闭台面风道。这样可更好地保证抽湿系统的正常工作（图8-26）。

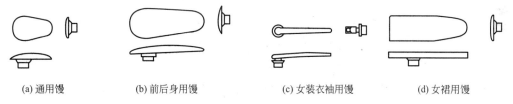

(a) 通用馒　　　(b) 前后身用馒　　　(c) 女装衣袖用馒　　　(d) 女裙用馒

图 8-26　烫馒类型

2. 抽湿喷吹熨烫台

抽湿喷吹熨烫台除具有吸风抽湿熨烫台的吸风和强力抽湿功能外，还可对衣物进行喷吹冷气，通常用于品质要求较高，需进行精整加工的服装熨烫。强力抽湿能加速衣物的干燥和冷却，使衣物定型快，造型容易稳定。喷吹可使面料富有弹性，毛感增强，同时能有效地防止极光或印痕现象的产生。

熨制不同的服装部件时，要选用不同的烫馒形状。烫馒的规格很多，形状各异。烫馒和熨烫台面的结构相同，其下部与熨烫台的抽湿系统相通，在进行熨烫作业时，进行抽湿吸风或喷吹。

二、压制设备及应用

压制设备是西服、衬衫等服装熨烫时配备的专用设备。

（一）压制设备的特点

1. 热压成形

设备作业时，被加工的服装或衣片被吸附于已经预热的下烫模上，在已预热的上下烫模合模时，喷放高温、高压蒸汽，继而进行热压，迫使衣片依据烫模形状产生形变，而后抽湿启模，使衣片冷却干燥，获得的形便得以保持。

2. 服装局部定型

由于熨模是根据服装特定部位的要求特制的，因此各类蒸汽熨烫定型机专用性很强，如西装的领子、双肩、领头、驳头，袖子的胖肚、瘪肚、袖窿、袖山，后背、侧缝等若干部位均有相应的熨烫机，因此，可以获得良好的造型效果和熨烫质量。

3. 附属设备复杂

使用蒸汽熨烫机必须配备相应的蒸汽锅炉、蒸汽管道、真空泵等附属设备和设施，投资和运行费用较大，因此仅适用于大批量或中批量生产，否则会造成服装成本过高。

（二）平板式压烫机及应用

平板式压烫机多用于衬衣、针织服装等，如羊毛衫、针织内衣等品种的熨烫。熨烫时，

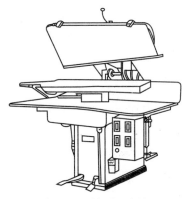

先将被烫件套在金属撑架上，然后放于压烫机下台板上，当上加压板落下夹住被烫件时，喷吹蒸汽对服装进行熨烫加工（图8-27）。根据产品种类及外形的不同，需制作不同的金属撑架，如果同类产品尺寸不同，也需配备不同的金属撑架。

（三）蒸汽烫模熨烫机

蒸汽烫模熨烫机的特点是能熨烫出符合人体形态的立体服装造型，一般用于大衣、西服、西裤等半成品或成品需塑造形状的部位熨烫。蒸汽烫模熨烫机种类多、分工细、用途专业，效果理想。这类设备按施加压力的大小分

图8-27 平板式压烫机

为重型烫模熨烫机、中型烫模熨烫机、轻型烫模熨烫机；按操作方式分为手动烫模熨烫机、半自动烫模熨烫机、全自动烫模熨烫机、微电脑烫模熨烫机；按用途分为中间烫模熨烫机、成品烫模熨烫机等。

蒸汽烫模熨烫机一般由机架、模头操作控制机构、烫模、蒸汽加热系统、真空抽湿系统、气动控制系统及控制箱等组成。除此之外，蒸汽熨烫机还需要配套锅炉、真空泵、空气压缩机等附属设备。

（四）蒸汽压烫作业流程及要求

1. 不同产品及特点，作业流程也不同

根据服装产品种类和特点，蒸汽压烫工艺流程不尽相同，所用压烫设备也有一定的变化。以下分别是衬衫和西服的作业流程。

（1）衬衫烫模压烫流程有以下两种模式。

① 中间压烫：修切领角→翻领尖→领角定型→压烫领子；袖头定型→压烫袖头；口袋压烫→门襟和衣边压烫。

② 成品压烫：弯领子→弯袖头→圆领。有的机器可以将弯领子和弯袖头工序一次完成。

衬衫压烫所用蒸汽压烫机具有电热及自动恒温装置，模板能自动脱落；经蒸汽压烫机加工后的衬衫领角可保持左右对称、大小一致、角度统一、外形挺括；领子或袖头模板只压在领子或袖头上，可获得较好的外观效果。

（2）西服上装蒸汽压烫流程的模式有以下两种。

① 中间压烫：敷衬（右）→敷衬（左）→分省缝（右）→分省缝（左）→分侧缝→压贴边→袋盖定型→收袋→双肩分肩缝→收袖缝→分统袖山缝→领头归拔。

② 成品压烫：胖肚（大袖）→瘪肚（小袖）→双肩→里襟→门襟→侧缝→后背→后背侧缝→驳头→翻领→领头→领子→袖窿→袖山→整理定型。

2. 压烫作业的技术要求

压制技术要求与熨制作业的技术要求略有不同，蒸汽压烫作业的技术要求不仅要考虑产品的外观及不同部位的需要，还需结合压烫机的类型来制定合理的工艺，通常包括压烫部位、所用机型、熨烫外观效果和熨烫操作规程等内容。

（五）蒸汽烫模熨烫机工艺应用图例

图8-28为西服局部压烫工艺图例。

(a) 西服前胸部位压烫　　　　(b) 西服驳头压烫　　　　(c) 西服肩部压烫　　　　(d) 西服前领整体塑型压烫

图8-28　西服局部压烫工艺图例

三、蒸制设备及应用

蒸制设备是将服装套上人形袋或人形模，通入高压蒸汽，使蒸汽从气袋内通过服装向外喷射，实现升温给湿，然后抽去水汽并通入热空气进行干燥定型，最后取下服装即完成整烫加工。

由于上述工作特点，这种整烫设备又称立体整烫机，它是在未对服装表面加压的情况下进行的湿热加工过程，所以无面料表面绒毛倒伏现象，服装显得平整、丰满、立体感强，特别适于针织羊毛衫和呢绒服装的整烫，也适用其他服装的整烫加工，有较广的适应性和较高的生产效率。

较常用的蒸制设备是蒸汽人模立体熨烫机，亦称立烫机（图8-29）。按所熨烫部位，立烫机可分为上装类立烫机和下装类立烫机。立烫机的构成除应有的汽路、电路等基本组件外，还有蒸制室、底部室、活动支架或人体模等部件。

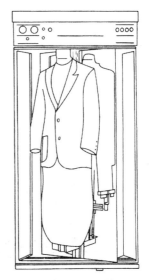

图8-29　蒸汽人模立体整烫机

蒸制设备的使用步骤为鼓模→套模→汽蒸→抽汽→烘干→退模。

不同面料的服装，其蒸制工艺参数有所不同。一般先进行试验，通过选择不同的工艺参数，对比蒸制的效果，如毛型外观、手感软硬等指标，确定最佳的工艺条件。

第五节　服装柔性制造设备及应用

前面章节已介绍过有关服装柔性制造设备的工艺应用，在此主要介绍一些不同类型柔性制造系统的应用。

一、杜克普吊挂系统应用

图 8-30 为杜克普吊挂系统应用图示。

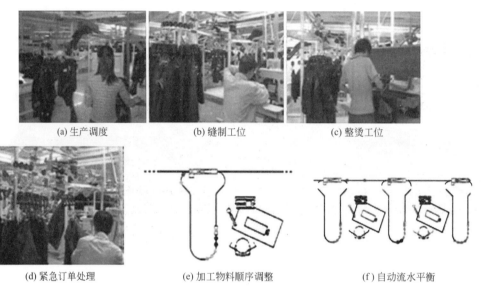

(a) 生产调度　　　　　(b) 缝制工位　　　　　(c) 整烫工位

(d) 紧急订单处理　　　(e) 加工物料顺序调整　　(f) 自动流水平衡

图 8-30　杜克普吊挂系统应用图示

二、衣拿吊挂系统应用

图 8-31 为衣拿不同类型吊挂系统应用图示。

(a) 衣拿EM制衣吊挂系统　　　　　(b) 衣拿ES制衣吊挂系统

(c) 衣拿EC链式制衣吊挂系统　　　　(d) 衣拿EHC链式家纺吊挂系统

图 8-31　衣拿不同类型吊挂系统应用图示

三、亿佳吊挂系统应用

图 8-32 为亿佳智能服装吊挂系统（AH-S）应用的远景和近景图示。

图 8-32　亿佳智能服装吊挂系统（AH-S）

第六节　服装物流设备及应用

通常在服装企业很少看到大型的物流设备及应用，在此介绍一些耐克品牌大型服装物流设备的应用（图 8-33）。

(a) 货物上线　　　　　(b) 货物清点扫描　　　　　(c) 货物存储

图 8-33

(d) 货物输送线　　　　　　　(e) 自重下落输送　　　　　　　(f) 分货清点核对

(g) 货物条码打印　　　　　　(h) 配货条码扫描　　　　　　　(i) 张贴货物验单

(j) 装箱货物扫描　　　　　　(k) 货物配送出口　　　　　　　(l) 物流运输车

图 8-33　耐克品牌大型服装物流设备的应用

? 思考题

1. 服装生产常用的准备设备有哪些？对服装工艺质量有何作用？
2. 常见的裁剪设备有哪些？各有何工艺用途？
3. 直刀式往复裁剪设备与带刀式裁剪设备在工艺应用方面有何差异？
4. 摇臂式直刀裁剪设备依据什么原理设计？有哪些突出优点？
5. 裁剪辅助设备有哪些？在工艺上有何作用？
6. 黏合时怎样确定温度、压力等主要工艺参数？
7. 不同黏合设备的工艺用途有何差异？
8. 怎样使用和保养黏合设备？
9. 熨制、压制和蒸制三种作业方式的工艺特点有何不同？
10. 你了解的吊挂系统和物流设备有哪些？

第九章

服装缝制设备及应用

缝制设备是服装生产加工的主要设备，不但产品种类多，而且用途广。本章内容主要介绍服装缝制设备，如平缝、包缝、链缝、绷缝、套结、锁眼、钉扣、撬边等设备及相关工艺应用。在平缝设备和包缝设备内容部分，着重介绍设备工作原理分析方法的运用和差动送料工艺原理的实现等。

第一节　缝制设备分类

一、缝制设备分类方法

我国采用比较多的国产缝纫机的统一命名和分类标准，是 1984 年 6 月 30 日发布的GB4514—84《缝纫机产品型号编制规则》。按此标准规定，缝纫机型号采用汉语拼音大写字母和阿拉伯数字为代号，分别表示使用对象、特征、设计顺序以及改进后的派生号等信息便于识别，其代号字体要求大小相同（具体可参阅相关资料）。

缝纫机型号的第一个字母表示使用对象，如 G 表示工业用缝纫机；J 表示家用缝纫机；F 表示服务行业用缝纫机。

缝纫机型号的第二个字母表示线迹、缝型、缝型控制机构、钩线和挑线特征代号等内容，含义比较丰富，是了解缝纫设备特点与性能、用途的重要信息（表 9-1）。

表 9-1　缝纫机型号中第二个字母的含义

字母代号	代表含义
A	凸轮挑线、摆梭钩线、双线锁式线迹
B	连杆挑线、摆梭钩线、双线锁式线迹
C	连杆挑线、旋梭钩线、双线锁式线迹
D	滑杆挑线、旋梭钩线、双线锁式线迹
E	旋转盘挑线、摆梭钩线、双线锁式线迹
F	旋转盘挑线、旋梭钩线、双线锁式线迹
G	凸轮挑线、摆梭钩线、针杆摆动、双线锁式线迹
H	连杆挑线、摆梭钩线、针杆摆动、双线锁式线迹
I	连杆挑线、旋梭钩线、针杆摆动、双线锁式线迹
J	针杆挑线、旋转钩线、单线链式线迹
K	针杆挑线、弯针钩线、单线或双线锁式线迹
L	针杆挑线、弯针、叉针钩线、单线链式线迹
M	针杆挑线、弯针、叉针钩线、双线包缝线迹
N	针杆挑线、双弯针钩线、三线包缝线迹

续表

字母代号	代表含义
O	针杆挑线、单钩针钩线、单线或双线编织线迹
P	针杆挑线、单弯针钩线、单线或双线拼缝线迹
Q	凸轮挑线、旋梭钩线、双线锁式线迹
R	滑杆挑线、旋梭钩线、双线锁式线迹
S	滑杆挑线、摆梭钩线、双线锁式线迹
T	针杆挑线、四只弯针钩线、三线双链式线迹
U	使用圈针的缝纫机
V	高频无线塑料缝合机
W	无针线制皮机(包括皮件成型、切割、冲压、抛光机等)
X	电动刀片裁布机
Y	不属于上述 A～X 的其他缝纫机

缝纫设备型号的其他部分含义，具体可参阅相关资料。

缝纫设备型号表示方法举例：

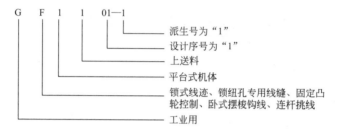

按不同的分类标准，可将性能、结构、外型等差异明显的缝纫设备进行科学分类，以便于设备选型和管理。

（1）按使用对象不同，可将缝纫机分为工业型、家用型和服务型。

（2）按能完成线迹的种类，缝纫机可分为单线链缝缝纫机、双线链缝缝纫机、双线梭缝缝纫机、包缝线迹缝纫机、绷缝线迹缝纫机、仿人工线迹缝纫机和无线迹缝纫机等。

（3）按线迹用途的不同，缝纫机可分为单线迹合缝缝纫机、复线迹合缝缝纫机、曲折线迹装饰用缝纫机、刺绣缝纫机、钉扣机、套结机、锁眼机、包边缝纫机和暗缝机等。

（4）按缝纫机主轴转速不同，可将缝纫机分为低速缝纫机、中速缝纫机、高速缝纫机和超高速缝纫机。

（5）按缝纫机的机头外形，缝纫机又可分为平板式机头缝纫机、悬筒式机头缝纫机、箱体式机头缝纫机、立柱式机头缝纫机和肘形筒式机头缝纫机等（图 9-1）。

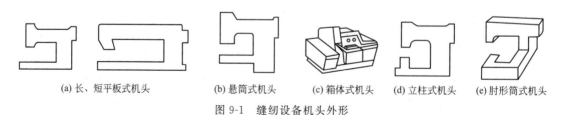

（a）长、短平板式机头　（b）悬筒式机头　（c）箱体式机头　（d）立柱式机头　（e）肘形筒式机头

图 9-1　缝纫设备机头外形

二、缝制设备选配原则

服装缝制设备的选配要根据生产的实际需要，技术上要先进，经济上要合理，配置上要

灵活，应综合考虑各种因素。一般需考虑以下几点。

1. 可靠性

缝制设备一般应精密耐用，满足生产工艺要求，功能齐全。零部件标准化、通用化程度高，互换性好，容易维护保养；起、制动灵敏安全，自动化程度高等。

2. 经济性

缝制设备对各种能源和资源的利用率高，消耗少，如对电、气、油、煤、水等的利用等。

3. 灵活性

缝制设备能适应不同工作环境和工作条件，适应多种加工工艺要求。设备的零部件、各种附件、工具能随机配套，拆装方便等。

4. 环保性

缝制设备应有配套的环保装置，噪声小，没有有毒物质、有害气体排放等污染环境。

第二节　缝制设备工作原理分析方法

一、缝制设备组成

服装设备一般由各种控制运动传递或信号传输的控制机构组成，各个控制机构负责独立完成或配合完成运动传递的一个过程，所有控制机构协调一致，从而组成能完成某种特定工作或多种任务的设备系统。服装设备中的每一个控制机构可以由一个或多个基本机构（完成运动传递过程中某一相对运动转换的有效组合单元）组成。为叙述方便起见，以下将控制机构和基本机构均简称为机构，其区分标准是，控制机构着重于对主要成缝构件运动的控制实现，包括参与运动传递的所有构件；而基本机构侧重于运动的局部转换，常将运动不确定的构件包含其中。机构的命名当以不产生歧义或不引起理解上的困难为准。

缝制设备的控制机构种类最多，也比较复杂，一般来说，组成缝制设备的控制机构大致分为刺布控制机构（机针控制机构）、钩线控制机构、挑线控制机构、送料控制机构、电气控制机构以及辅助控制机构六大类（图9-2、图9-3）。

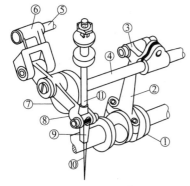

图 9-2　固定式组合刺布机构
①曲柄　②连杆　③⑥摆杆　④⑤摆轴　⑦摆动偏心轮
⑧摇杆　⑨机针夹　⑩机针　⑪针杆导杆

图 9-3　标准平缝 GC6180 的控制板

二、机构的概念和种类

机构是一种具有一定相对运动的实体的组合系统。机构有两大功能：一是完成运动的转换；二是完成力的传递。在了解缝制设备机械工作原理时，主要侧重机构对运动转换过程的分析和研究。服装缝制设备中常见的机械机构有连杆机构、凸轮机构、齿轮机构三大类。

基本机构由构件和运动副组成，指的是缝制设备中最基本的运动转换单元。构件是指机构中参与有规律运动的刚性实体，构件的运动特性不同，其命名也有差异，如转动的构件称为曲柄；定轴摆动的构件称为摆杆，非定轴摆动的构件常称为摇杆等。运动副是指构件间相互接触而且保持一定相对运动的有效连接，根据其运动转换特征可将运动副分为平面运动副和空间运动副，或者根据构件间接触情况可将运动副分为高副和低副。基本机构运动转换结果不同，名称也不同，其命名一般遵守主动运动构件在前，从动构件在后的规则。

图9-4为早期家用缝纫机的传动控制机构，它是由一个基本机构，即曲柄摇杆机构构成的。在此机构中，连杆③的瞬时运动是不确定的，但它是基本机构的一个组成部分，因此，将服装设备的控制机构以基本机构为单元进行工作原理分析的目的，就是为了描述运动传递过程时避开运动不确定的构件。这就像我们总喜欢以房间的功能来区分或描述整套房子的特征一样。

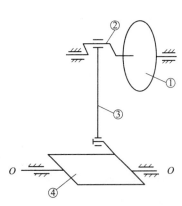

图9-4 脚踏驱动机构
①皮带轮 ②曲轴 ③连杆 ④脚踏板

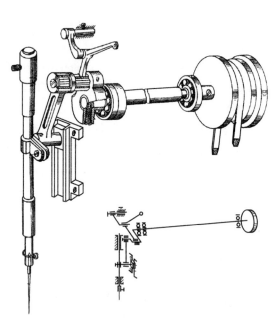

图9-5 工业平缝机机针机构与挑线
机构结构及传动原理简图

三、设备工作原理分析方法

缝纫机的机械部分通常有三种图示方式：空间结构图、传动原理简图和符号表示的平面简图。空间结构图可以帮助初学者了解设备的实体构造；传动原理图主要描述机构之间的连接关系，用于分析机构运动传递过程即工作原理；符号表示的平面简图主要用于机构的受力分析。在设备原理课程中较多见的有结构图和传动原理图（图 9-5）。

传动原理图是仅表示构件间连接关系的简单图形。由于服装缝制设备体积小，结构紧凑，运动复杂，可视性差，因此需要绘制传动原理简图来了解设备构造、机构组成、传动方式、运动特性以及调试部位等。可以说，传动原理图是用于机构运动传递分析的主要工具。

第三节　缝制设备的主要成缝构件

缝纫机的成缝构件是指直接参与线迹形成的基本构件，主要成缝构件包括机针、成缝器、缝料输送器和挑线器。

一、机针

机针是主要的成缝构件，通常是指用于刺布的针，有直针和弯针两种类型（图 9-6）。其作用是带线穿刺缝料后形成线环，与其他成缝构件配合最终形成线迹。

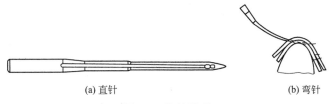

(a) 直针　　　　　　　　　　　(b) 弯针

图 9-6　机针类型

直针由针柄、针杆、短针槽、针刃、针尖、针孔、长针槽等部位构成（图 9-7）。短针槽一侧用于形成线环，与钩线器配合形成缝迹；长针槽一侧可在机针穿入缝料时埋入缝线，从而减少缝线与面料的摩擦。为了实现两条以上的平行线迹，经常采用针柄连托，将两根、三根或更多直针连在一起使用（图 9-8）。

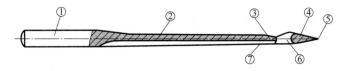

图 9-7　直针结构

①针柄　②针杆　③短针槽　④针刃　⑤针尖　⑥针孔　⑦长针槽

(a) 双直机针　　　　　　　　　(b) 三直机针

图 9-8　连托直针

我国常用的机针表示方法有"号制""公制"和"英制"三种。号制的号码越大，针杆越粗；公制以针杆直径 d（mm）放大 100 倍表示，每间隔 5 为一档；英制以针杆直径 d（英寸）放大 1000 倍表示（表 9-2）。

表 9-2　针号对照表

号制	6	7(或8)	9	10	11	12	13	14	15	16
公制	55	60	65	70	75	80	85	90	95	100
英制	022	—	025	027	029	032	034	036	038	040

二、成缝器

成缝器是摆梭、旋梭、旋转线钩、带线弯针、不带线弯针以及成圈叉等基本成缝构件的总称。其作用是钩取机针线环与其他成缝构件配合形成线迹（图 9-9）。

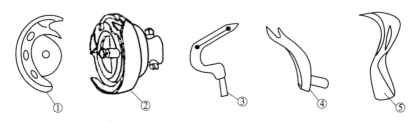

图 9-9　成缝器类型
①摆梭　②旋梭　③带线弯针　④不带线弯针（叉针）　⑤旋转线钩

1. 梭子

梭子分摆梭和旋梭，主要用于锁式线迹的形成。摆梭由于惯性冲击大，主要用于低速和家用缝纫机；旋梭运转平稳，噪声小，主要用于高速工业平缝机。

2. 旋转线钩

旋转线钩用于单线链式线迹形成时钩取直针线环，常见于单线链缝机和钉扣机。

3. 带线弯针

带线弯针是用于形成包缝、双线链缝和绷缝线迹的主要成缝构件。

4. 不带线弯针

不带线弯针又称为叉针，主要用于与弯针配合，叉开缝线线环到适当位置供直针穿入。常见于双线包缝线迹、圆头锁眼线迹等形成过程中。

5. 成圈叉

成圈叉主要用于挑起线环供弯针穿入，如撬边线迹的形成。

三、缝料输送器

缝料输送器的作用是在每一次成缝循环中将缝料前送或后送（倒缝）一个针距，针距的大小由每次的送布量决定，可根据不同面料的缝纫要求，通过调节缝纫机的送料机构来实现。送料动作需要送布牙与压脚配合一起完成。缝料的输送方式主要有以下六种（图 9-10）。

1. 单牙下送式

单牙下送式由压脚将面料压在针板上，送布牙在送布机构控制下完成上升、送布、下降和回退等运动，每一个循环推送一次缝料。这种方式结构简单、造价低，操作方便，适合中厚面料。不适用过厚或过薄面料，对多层面料容易产生移位或皱褶。

2. 针牙同步式

针牙同步式可以在机针刺入缝料后与送布牙一起同步运动，完成送布。针牙同步式送料

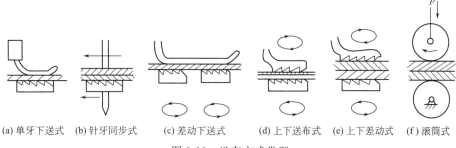

(a) 单牙下送式　(b) 针牙同步式　(c) 差动下送式　(d) 上下送布式　(e) 上下差动式　(f) 滚筒式

图 9-10　送布方式类型

适合多层缝料和粗厚面料，能有效防止面料的滑移和错位。

3. 差动下送式

差动送布机构由主送布牙控制机构和差动送布牙控制机构组成，相互配合完成送料。一般主送布牙配置在机针前，差动送布牙位于机针后，两者处于同一水平。工作时，可调整主送布牙送布量保持在某一针距，差动送布牙送布量相对于主送布牙而调整。差动送布牙如果比主送布牙送布量大，可形成正差动，用于缝制弹性面料；差动送布牙如果比主送布牙送布量小，可形成负差动，用于缝制轻薄光滑面料防止起皱；无差动时可用于一般面料缝制。差动送布方式适料性强，在高速包缝中采用较多。

4. 上下送布式

上下送布方式的压脚下带齿，能与送布牙夹紧面料共同送布，可有效防止面料和线迹歪斜。

5. 上下差动式

上下差动式有类似压脚的上送布牙，可与下送布牙一起送布并且各自的送布量能单独调节，适合各种性质的面料。上下差动式送布可以上下同速，防止起皱，也可在缝袖时进行"缩缝"。

6. 滚筒式

滚筒式送布可控制的缝制区域较宽。其中上滚轮作为主动轮，将缝料压紧在下滚轮上，在送料机构驱动下完成送布。这种送布方式多用于多针机和装饰缝纫机。

四、挑线器

挑线器的作用是供给机针或弯针形成线环所需缝线并适时收紧线迹。挑线器种类较多，其中适合高速缝纫机使用的有连杆式挑线器、滑杆式挑线器和异形轮式挑线器；适合低速缝纫机使用的有轮式挑线器、凸轮式挑线器（图 9-11）。

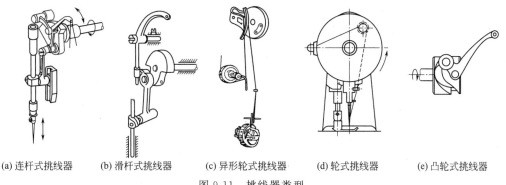

(a) 连杆式挑线器　(b) 滑杆式挑线器　(c) 异形轮式挑线器　(d) 轮式挑线器　(e) 凸轮式挑线器

图 9-11　挑线器类型

第四节 平缝设备及应用

工业平缝机在服装加工中能完成拼、合、绱、纳等多种工序的生产任务,在车缝辅件的帮助下功能得到增强,还可完成卷接、卷边和镶条等复杂工艺。因此服装生产中使用最多的机种当属工业平缝机。平缝机的线迹为双线锁式线迹,由于其成缝器使用梭子,故亦称为梭缝缝纫机(表9-3)。

表 9-3　常见的工业平缝机

设备型号	设备名称	设备性能	生产厂家
GC672 系列	直驱电脑高速平缝机	微型伺服电动机直接驱动主轴,反应迅速,噪声、振动小,功率损耗少,分微油、针杆无油、无油三种供油方式,操作空间大、灵活,适合缝纫中厚料、厚料	西安标准工业股份有限公司
GC6180 系列	电脑高速平缝机	变频电机控制系统,使用寿命长,运转可靠;噪音低、温升小、环境好,节约电能;设定灵活,电脑控制功能完善,适料性强	西安标准工业股份有限公司
GC6 系列	高速平缝机	GC6-1 型是该系列的基础产品,采用单直针、连杆挑线、旋梭勾线、锁式线迹;适用于薄料、中厚针织、棉、化纤等织品;GC6-8 型还可缝牛仔、皮革等料	西安标准工业股份有限公司
FY8900	微油高速平缝机	微油润滑,密闭式油箱,内循环润滑。同步带传动,传动环节少,噪声低、震动小;机器重量增加,稳定性好;操作空间大且灵活	飞跃缝纫机厂
FY9101	微油电脑高速平缝机	电脑程控、效率高,适料性好。降噪设计,高速 5000r/min 下可靠性与耐用性突出	飞跃缝纫机厂
FY9102	无油电脑高速平缝机	针杆套采用复合材料,旋梭在无油状态下耐磨性好;自动剪线、倒缝、拔线提升压脚功能;低张力高质量缝制能力;适料性强	飞跃缝纫机厂
FY8700-5-6D	电脑高速平缝机	降噪设计,高速(5000r/min)下可靠性和耐用性好;自动剪线、自动固缝、自动抬压脚;适用于不同缝料	飞跃缝纫机厂

一、平缝设备的分类

平缝设备由于性能上的差异,通常按以下标准分类。

(一) 按速度分类

每分钟 2000 针以下的为低速平缝设备;每分钟 2000~4000 针的为中速平缝设备;每分钟 4000 针以上的为高速平缝设备。高速平缝设备机件加工精密,连接部件采用滚动轴承,自动润滑、噪声小、性能好、运行平稳、效率高。由于速度不同,缝纫设备机件组成差异较大,所以这种分类方法比较适合设备管理。

(二) 按直针数分类

按直针数可分为单针机、双针机和多针机。双针机根据是否同时参加工作又分为联动式或可分离式双针平缝机。这种分类方法比较适合工艺上的归类。

(三) 按送料方式分类

按送料方式可分为单牙下送式、前后差动式、针牙同步式等。送料方式的不同往往决定缝纫设备的适料性和可加工范围等,所以按此标准分类是平缝设备常用的分类方法。

（四）按操作方式分类

按操作方式可分为普通平缝设备和电脑控制平缝设备。电脑平缝设备自动控制能力强，操作简便，可设定线缝式样、自动倒缝、自动剪线、自动缝针定位、自动压脚提升等，生产效率较高。

二、平缝设备工作原理分析

以常见的 GC6-1 型高速工业平缝机为例，在此介绍平缝设备工作原理的分析方法。

图 9-12 为 GC6-1 型高速工业平缝机的结构图，它的主要控制机构包括刺布控制机构、钩线控制机构、挑线控制机构和送料控制机构，此外还有针距调节装置、杠杆式倒顺缝等辅助控制机构以及自动润滑系统等。

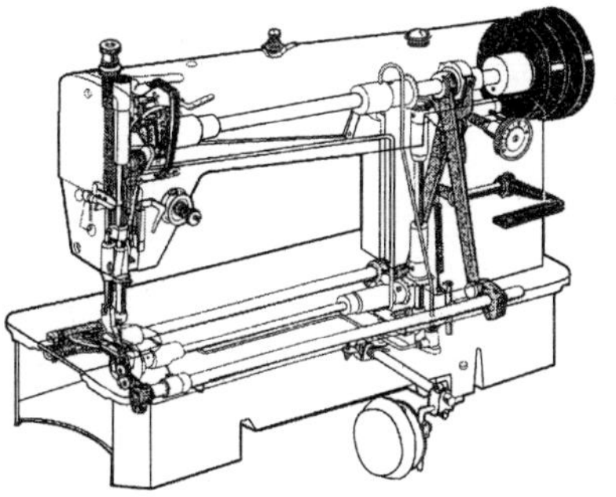

图 9-12　GC6-1 型高速工业
平缝机的结构图

（一）刺布控制机构

从图 9-13 中的工作原理图可以看到，刺布控制机构由一个基本机构即曲柄摇杆机构组成，通过针杆曲柄②、挑线连杆⑥、摆杆⑦组成的曲柄摇杆机构将主轴的转动转换为机针的上下往复刺布动作。其中针杆可进行高低位置调整。

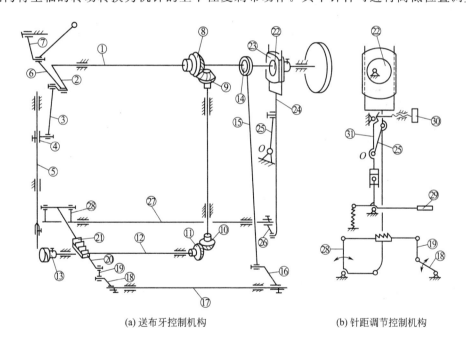

(a) 送布牙控制机构　　　　(b) 针距调节控制机构

图 9-13　GC6-1 型平缝机工作原理图

①主轴　②针杆曲柄　③针杆连杆　④针杆连接位置　⑤针杆　⑥挑线连杆　⑦⑯⑱㉖㉘摆杆
⑧⑨⑩⑪伞齿轮　⑫旋梭轴　⑬旋梭　⑭抬牙偏心轮　⑮抬牙连杆　⑰抬牙轴　⑲小连杆
⑳送布牙架　㉑送布牙　㉒送布偏心轮　㉓滑块　㉔牙叉　㉕针距调节连杆
㉗送布轴　㉙倒顺缝手柄　㉚针距调节旋钮　㉛针距调节杠杆

（二）钩线控制机构

从图 9-13 可以看到，钩线控制机构由齿轮机构组成。首先通过上面与主轴配合的一对伞齿轮⑧、⑨（齿数比2∶1）将围绕主轴的转动转换为围绕竖轴的转动，然后再通过下面与旋梭轴配合的一对伞齿轮⑩、⑪（齿数比1∶1）将围绕竖轴的转动转换为旋梭轴的转动。主轴每转一周机针刺布1次，同时旋梭转两周形成一个线迹，其中旋梭第一转配合机针完成钩线动作，第二转为空转，不参与钩线。

图9-14为旋梭的构造。梭床安装在梭壳中，工作时，梭床与梭芯、纱管由定位钩固定位置不发生旋转（防止缝线被加捻或解捻），而旋转的梭壳用梭尖钩取机针线环。为使面线环能绕过梭子，在定位钩与梭子的定位凹口处留有0.45～0.65mm的过线间隙（图9-15）。

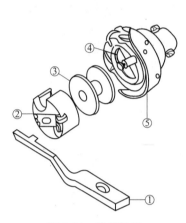

图9-14　旋梭构造
①定位钩　②梭芯　③纱管　④梭床　⑤梭壳

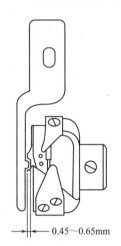

0.45～0.65mm

图9-15　定位钩与梭子的配合

旋梭逆时针旋转，依靠梭壳凸缘与梭床导齿配合，实现钩线、分线和脱线。旋梭运转平稳，振动、磨损、噪声均比摆梭要小，使用寿命长，适合高速运动。

（三）挑线控制机构

图9-13中的挑线控制机构是一个由针杆曲柄②、挑线连杆⑥、摆杆⑦组成的平面曲柄摇杆机构，将主轴的转动转换为摆杆的摆动，带动和摆杆连为一体的挑线杆一起运动完成供线和收线。挑线机构与刺布机构共用同一个曲柄，其目的就是使挑线器的动作能够与针杆的上下动作保持一致。

（四）送料控制机构

送布牙的运动轨迹是由上下抬牙动作与前后送布动作复合而成的，所以送料控制机构实际上是由相对独立的控制送布牙上下运动的机构和控制送布牙前后运动的机构两部分组成。

1. 送布牙上下运动控制机构

如图9-13(a)所示，抬牙偏心轮⑭相当于一个长度确定的曲柄，所以，送布牙上下运动控制机构由一个平面曲柄摇杆机构（由抬牙偏心轮⑭、抬牙连杆⑮和摆杆⑯组成）连接运动确定的抬牙轴⑰和摆杆⑱组成。曲柄摇杆机构先将主轴①的转动转换为位置固定的抬牙轴⑰的摆动，再通过抬牙轴⑰上的抬牙杆⑱带动小连杆⑲连接的送布牙完成上下抬牙运动。

2. 送布牙前后运动控制机构

如图9-13(a)所示，牙叉与滑块之间构成滑动副，这使得牙叉看起来相当于一个长度可以调节的连杆。从而使送布偏心轮㉒、可调位置牙叉、摆杆㉖构成一个可调的类似曲柄摇杆机构，并连接运动相对确定的送布轴㉗和摆杆㉘，组成了送布牙前后运动控制机构。该控制机构先将主轴转动转换为送布轴㉗的摆动，然后通过连接的送布杆㉘带动送布牙完成前后的送布动作。

3. 送布牙送布量的调节

如图9-13(b)所示，为针距调节控制机构，其原理是通过调节O点距离牙叉杆垂直方向中心线的位置来改变针距大小。O点位置距牙叉杆垂直方向中心线越远，则滑块㉓与牙叉㉔的接触位置上移，相当于类似曲柄摇杆机构的牙叉㉔变长，从而可使送布轴㉗的摆动幅度加大，摆杆㉘控制送布牙送布量越多，针距也越大；相反，O点位置距牙叉杆垂直方向中心线越近，则滑块㉓与牙叉㉔的接触位置下移，相当于牙叉㉔变短，而送布轴㉗的摆动幅度减小，送布量越小，即针距也越小；O点位置正好处在牙叉杆垂直方向中心线上时，牙叉㉔在垂直方向没有上下位移发生，送布轴㉗不摆动，不进行送布，即针距为零。如果按下针距调节杠杆㉛，可将O点位置从牙叉杆垂直方向中心线的左侧移动到右侧，因而改变送布轴㉗的摆动方向，可实现倒送布。

三、主要控制机构间的运动配合与调整

在线迹形成的周期中，平缝机的主要成缝构件在各自控制机构的作用下，密切配合与协调，从而可靠地完成缝纫工作。以下介绍各主要成缝构件间的配合要求以及调整范围。

（一）机针高低位置调整

图9-16(a)为GC6-1型高速工业平缝机的针杆，其上标有两条刻度线，其上刻度线用来确定针杆的最低位置，而两条刻度线间距为2.2mm，标示机针从最低位置上升形成最佳线环所需动程。转动机器手轮使针杆运动至下极限位置，旋松针杆的紧固螺钉，调整针杆使其上刻度线与针杆套筒的下端面平齐时，拧紧针杆固定螺丝，即可让机针处于正确的工作位置。

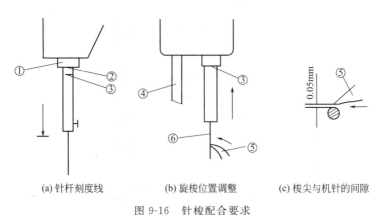

(a) 针杆刻度线　　　　(b) 旋梭位置调整　　　　(c) 梭尖与机针的间隙

图9-16　针梭配合要求

①针杆套筒　②针杆上刻度线　③针杆下刻度线　④压脚柱　⑤旋梭尖　⑥机针

（二）旋梭位置调整

针杆高低位置确定以后，可对旋梭位置进行必要的调整。图9-16(b)中，机针从最低位置回升，当针杆上的下刻度线与针杆套筒的下端面平齐时，应使旋梭的梭尖刚好运动至机针的中心线，处于钩线最佳状态。图9-16(c)中，旋梭钩线时，梭尖与机针应保持约

0.05mm（尽可能靠近机针且不发生摩擦）的间隙。间隙过大易跳线，过小易发生碰撞事故。

（三）机针与送布牙同步调整

机针与送布牙的同步是指当机针针尖下降至针板平面时，送布牙也刚好下降至牙尖与针板面平齐，否则将会影响正常缝纫或发生故障。如图9-17所示，调整时，旋松送布凸轮的紧固螺钉后，按住送布凸轮，缓慢转动机器手轮，使得主轴油孔的上端与送布凸轮基准孔的下端处于同一水平线，然后紧固送布凸轮即可。为保证运转良好，注意使送布凸轮与牙叉滑块之间的间隙为0.3～0.5mm（间隙过大会使连杆拉紧而不易转动，间隙过小则会使摩擦加剧）。

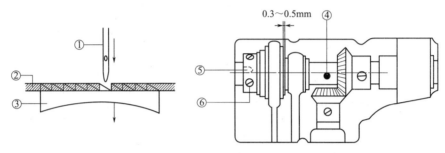

图 9-17　针牙同步调整

①机针　②针板上平面　③送布牙　④主轴油孔　⑤送布凸轮基准孔　⑥送布凸轮紧固螺钉

四、高速平缝机的使用与保养

（一）机针安装与选择

机针的安装是有方向性的，而且其他成缝构件的配合要求都需要参照机针的位置来确定。所以，安装机针时，要使机针向上顶紧装针孔底，并使机针浅槽一侧正对钩线器方向。

图 9-18　Z捻缝线识别

缝制薄、脆、密的缝料时通常选用较细的机针，而缝制厚、柔、疏的缝料时选用较粗的机针。高速缝纫时，为了防止机针因剧烈摩擦而温度过高，可选择专用的工业机针，并采取必要的冷却措施，比如在缝线上加硅油或用风冷方式降温。高速缝制低熔点的化纤面料时，经常采用双节机针或高速机针。

（二）缝纫线选择

缝纫线的选择要考虑缝线的可缝性、均匀性和强度等。高速缝纫选用的面线通常选捻度适中的Z捻线（左旋线，图9-18中所示方向加捻），而底线选Z捻、S捻线（右旋线）均可。一般情况下缝线选择时与机针、缝料间的匹配关系见表9-4。

表 9-4　机针、缝线、缝料的匹配

机针号	缝线/tex	缝　　料
9 号	12.5～10(80～100公支)	最薄料:乔其纱、绉纱、透明硬纱等
11 号	16.67～12.5(60～80公支)	薄料:绸、印花布、府绸等
14 号	20～16.67(50～60公支)	普通料:棉、毛织物等
16 号	33.33～20(30～50公支)	中厚料:毛织物、薄皮革、防雨布等

（三）送布牙高度调整

送布牙是靠与缝料之间的摩擦力完成送布的，送布牙露出针板面的高度越高，与缝料之间的摩擦力越大，反之，摩擦减小。缝制厚料或较硬的缝料时，需要的摩擦力大，送布牙要调高一点，最大可调至1mm，过高会造成缝料不平整；缝制一般缝料时，送布牙工作高度约为0.7～0.9mm；缝制薄料时送布牙最低可调至0.5mm，过低送布时容易打滑。送布牙高度的调整可通过调节抬牙摆杆实现。

（四）压脚压力调节

为了实现有效合理地送布，除需要调整送布牙的高度外，还需要调整压脚的压力，在压脚的配合下才能完成送布动作。缝制厚料时，调大压脚压力，增加缝料与送布牙的摩擦；缝制薄料则需调小压脚压力。调节控制压脚上下移动的调节螺钉即可，顺时针旋进增大压力，逆时针旋出减小压力。

（五）设备润滑

GC6-1型高速工业平缝机采用全自动润滑系统，使用7号高速机械油或专用高速缝纫机油，润滑条件好，噪声低，运动平稳，最高机速达5500r/min。其自动润滑系统由油泵、油池、量油阀和油路等组成，形成相对封闭的润滑系统，可以有效延长机器的使用寿命。

（六）新机磨合

新设备各机构之间、各部件之间的配合还未完全达到最佳状态，所以高速运动时容易发生故障。新设备使用之初，先换用较小直径的备用皮带轮，待充分磨合后，再换用大直径皮带轮高速运转，这样做有利于提高设备的使用寿命。

五、常见故障与维修

高速工业平缝设备的常见故障有跳针、断面线、断底线、断机针、毛巾状浮线、浮底面线、缝料停滞不前、润滑不良等。每一种故障现象的产生原因多种多样，在日常维修时，要将有可能引起故障的原因逐一列出，逐一排查，直至找到真正的故障原因。然后，有针对性地采取相应的排除办法彻底解决。仔细研究故障原因，可以发现，很多小毛病其实和缝线张力的波动关系很大。因此，日常维护时，除了要考虑控制机构间的配合是否良好外，还要多加注意引起缝线张力波动的问题（表9-5）。

表9-5 平缝机部分常见故障分析及处理

故障现象	故 障 原 因	处 理 方 法
断针	机针与缝料、缝线选配不当	合理选配机针、缝料、缝线
	缝纫时拉缝料用力过大	按工艺要求正确操作和使用
	机针弯曲变形	更换新机针
	夹针螺钉松动	拧紧夹针螺钉
	机针与送布牙不同步	调整送布凸轮位置
断底线	送布牙边缘有锐角	砂布擦光或抛光
	梭皮压线口磨损出缺口	更换梭皮
	梭芯绕线过多，出线不顺畅	梭芯绕线要适度
	梭芯太松	可在梭芯中垫薄布
	旋梭皮边缘毛刺	磨光旋梭皮边缘

续表

故障现象	故障原因	处理方法
浮面底线	面、底线张力不稳定、不均衡	调整面、底线张力一致
缝料停滞不前	送布牙过低或变钝	调高或更换送布牙
	送布牙紧固螺钉松动	旋紧紧固螺钉
	机针与送布运动配合不好	调整使其配合准确
	压脚压力小或压脚底部毛刺	调大压脚压力或磨光底部
润滑不良	油路堵塞	疏通油管
	滤油网堵塞	清洗或更换
	吸油线过短	换合适新线
	油池油位太低	加油至两个标线间合适位置

第五节 包缝设备及应用

包缝机也称拷克机（音译的习惯叫法）、拷边机或称边缝机、缝边机、切边机、花边机等。包缝机曾是针织厂的专用设备，主要用来防止针织面料边缘的脱散。随着包缝机技术的不断发展，用途也越来越广，目前已广泛应用于机织服装、巾被、针织等行业。包缝机形成的线迹结构为 500 系列包缝链式线迹，可由一根、两根或多根缝线相互循环穿套在缝料边缘上形成包裹线迹，其线迹富有伸缩性，很适合弹性衣料的要求，有效地解决了弹性衣料边缘的开线问题。包缝机的机头外形属箱形结构，零部件较小且装配紧凑，不需要太大的工作空间，可有效地降低机器的运动惯性，性能比较稳定，因而适合高速运转（最高可达 10000r/min以上），在生产中勿需像平缝机那样频繁地更换梭芯，而且能将缝合和包边两道工序并为一道，节省了宝贵时间。既操作方便，生产效率又高。

一、包缝设备的分类

包缝设备类型较多，表 9-6 为常见的部分国产包缝设备及性能指标。

表 9-6 部分国产包缝机的主要技术参数

型号 参数	GN6-3 上工	GN20-3 标准	GN32-3 双角	GN6-4 上工	GN20-4 标准	GN20-5 标准	GN6-5 双工
设备转速/(r/min)	5500	7000	7500	5500	6500	6000	4500
最大针距/mm	4	3.6	3.8	4	3.8	3.2	3.5
压脚升距/mm	3~4	4	4	4	5	5	4
缝边宽度/mm	3~4	4	4	5.5~6.5	2、3、4、5	2、3、4、5	5~6
差动比	1:0.75~1.65	1:0.7~2	1:0.7~2	1:0.75~1.65	1:0.7~2	1:0.7~2	1:0.8~1.5
机针型号	81×9# ~16#	DC×27 (9#~14#)	DC×27 (11#)	81×9# ~16#	DC×27	DC×27	81×8# ~18#
电机功率/W	370	370	400	370	370	370	370
线迹类型	504 或 505	504	504	514	514	401/505	401/505

续表

型号\n参数	GN6-3\n上工	GN20-3\n标准	GN32-3\n双角	GN6-4\n上工	GN20-4\n标准	GN20-5\n标准	GN6-5\n双工
线数	3	3	3	4	4	5	5
设备用途	适用于针织服装、羊毛衫等的包边、包缝	适用于薄、中厚的棉、毛、化纤等针织服装	适用于薄、中厚的棉、毛、麻、化纤等面料	适用于针织内衣等服装的安全包缝	高速四线安全包缝设备，适应性较强	适用于缝制薄到中厚的棉、毛、麻、化纤等各种面料联缝	适用于针织内衣等服装的平包联缝

包缝设备一般按以下两种方式进行分类。

（一）按线数分类

包缝线迹有单线、双线、三线、四线、五线及六线等多种形式，因此，相应有以下几种分类。

1. 单线包缝机

单线包缝机是采用一根直针和两根叉针（即不带线弯针），用一根缝线，形成 501 号单线包缝线迹，主要用于缝合毛皮和布匹接头。

2. 双线包缝机

双线包缝机采用一根直针、一根弯针和一根叉针，用两根缝线，形成 503 号双线包缝线迹，主要用于缝合布匹接头、针织弹力罗纹衫的底边等。

3. 三线包缝机

三线包缝机采用一根直针、两根弯针，用三根缝线形成 504 号、505 号三线包缝线迹，这种线迹美观、牢固耐用，拉伸性较好，因此，三线包缝机是服装加工使用较多的包缝机。

4. 四线包缝机

四线包缝机采用两根直针、两根弯针，用四根缝线，形成 507 号、512 号和 514 号四线包缝线迹，这种线迹与三线包缝线迹不同，其中靠近布边的一条机针线，在穿过缝料的同时和两条弯针线在面料正反面再分别交织，大大提高了线迹的牢度和抗脱散能力，因此称为"安全缝线迹"，一般用于针织物包缝或服装受摩擦较为剧烈的肩缝、袖缝等处的包缝。

5. 五线包缝机

五线包缝机采用两根直针、三根弯针，用五根缝线，形成 516 号、517 号复合线迹，其线迹实际上是由双线链式线迹和三线包缝线迹复合而成。这种包缝机可包缝、合缝同时进行，不但减少了设备和工序，而且缝出的线迹美观、牢固。因此，五线包缝机已成为服装厂普遍应用的机种。

6. 六线包缝机

六线包缝机采用了三根直针、三根弯针，用六根缝线，形成了由双线链式线迹和四线包缝线迹组成的复合线迹，也可实现连包带缝，与五线包缝机相比，这种机器形成的线迹更为坚牢，使用也日益增多。

（二）按缝纫速度分类

1. 低速包缝机

缝速在 3000r/min 以下的包缝机叫低速包缝机。这类包缝机主要用于服务性行业，如国产的 FN1-1 型包缝机。

2. 中速包缝机

缝速 3000～4000r/min 的包缝机为中速包缝机，如国产的 GN1-1 型、GN1-2 型均属中速包缝机。此类包缝机结构简单紧凑，人工润滑，价格低廉，在小型服装生产企业中广泛应用。

3. 高速包缝机

最高缝速达到 5000～7000r/min 的包缝机为高速包缝机，如国产的 GN2-1M 型、GN5-1 型、GN6 系列及 GN20 系列等均属高速包缝机。这类包缝机比中速包缝机在结构上有很大改进，有些零件材料选用轻质合金，采用强制全自动润滑方式，运转更为轻快、稳定，适于高速包缝。

4. 超高速包缝机

缝速超过 7000r/min 的包缝机为超高速包缝机。这类包缝机在结构和工作原理上与高速包缝机并无明显差别，但由于采用了机针针尖和缝线的冷却装置，静压式主轴轴承及风扇空冷的多级压力油泵，主要运转零件均采用轻质合金，可以适应更高的缝纫速度。国产的 GN11004 型五线包缝机、GN32-3 型三线包缝机、GN32-4 型四线包缝机和目前大部分进口包缝机均属于超高速包缝机。

二、包缝设备工作原理分析及差动送料工艺应用

包缝机的主要控制机构包括刺布控制机构、钩线控制机构、挑线控制机构、送料控制机构以及切边刀控制机构等。前四种控制机构的作用和平缝设备的相应控制机构作用相同，但构造上有较大的区别。切边刀控制机构的作用是切去缝料的毛边，保证线缝宽度相等，线迹松紧度一致，整齐美观。本部分内容主要以 GN20-3 型高速包缝设备为例来介绍包缝设备的工作原理以及差动送料方式的工艺应用。

高速包缝设备与中速包缝设备的成缝原理相似，但构造上改进较多，如主要机件的轴孔、轴承由滑动改为滚动，减小了摩擦，运转更为轻快，延长了使用寿命；往复运动的针杆改用沿固定导杆往复运动的轻质针夹，减小了往复运动的惯性；将中速设备大、小弯针联动改为大、小弯针分别传动，减少了配合误差，使负荷合理，调节更为方便；送料机构采用前后差动式送料，适料性更强，各种缝料均能实现高质量的包缝；采用全自动供油润滑，增加了降低针温的硅油装置等。因此，在生产效率和质量要求越来越高的现代服装生产企业中，广泛地使用着各种高速包缝设备（图 9-19）。

（一）刺布控制机构

图 9-20 为 GN20-3 型高速三线包缝设备的工作原理图。GN20-3 型高速三线包缝机采用针夹在固定导杆上往复运动的方式。刺布控制机构由构件④、⑤、⑥组成的平面曲柄摇杆机构与构件⑧、⑨、⑩组成的平面双摇杆机构通过摆轴⑦连接构成。该控制机构先由曲柄摇杆机构将主轴的转动

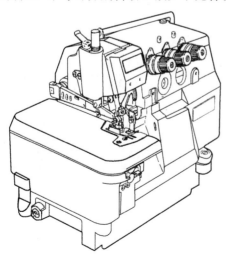

图 9-19　GN20-3 型高速三线包缝机

转换为摆杆⑥的摆动，再由双摇杆机构将摆轴⑦的摆动转换为针夹沿固定导杆⑬的往复运动。在以上运动转换过程中，构件④、⑥、⑦、⑧、⑩、⑪的运动相对确定，而构件⑤、⑨的瞬时运动是不太确定的，但这两个构件分别是曲柄摇杆机构和双摇杆机构这两个基本机构的有机组成部分。

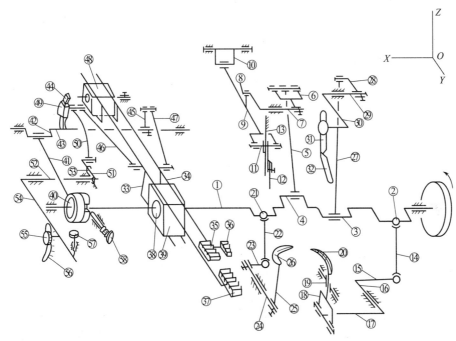

图 9-20　GN20-3 型高速三线包缝设备的工作原理图

①主轴　②上弯针球曲柄　③切刀曲柄　④直针曲柄　⑤、⑭、⑫、⑯、⑩、⑩、⑩连杆　⑥、⑩、⑩、⑩、⑩、⑳、㉒、㉕摆杆　⑦、⑯、㉔、㉙摆轴　⑧偏置销　⑨针杆杠杆　⑪针夹　⑫直针　⑬导杆　⑱上弯针滑杆　⑲上弯针滑套　⑳上弯针　㉑下弯针球曲柄　㉕下弯针架　㉖下弯针　㉚上刀架　㉛上刀　㉜下刀　㉝差动送布牙架　㉞主送布牙架　㉟主送布牙　㊱送布牙　㊲差动送布牙　㊳抬牙偏心轮　㊴抬牙滑块　㊵送布偏心轮　㊸送布轴　㊹弧形送布摆架　㊺送布摆轴　㊻滑块　㊼滑套　㊿差动调节拉杆　51差动调节摆轴　53钮簧　54差动扳手　55差动调节螺母　56差动刻度板　57微调螺杆　58针距调节按钮

（二）钩线控制机构

GN20-3 型高速三线包缝机的上弯针控制机构（大弯针）和下弯针控制机构（小弯针）的运动是由主轴①上的两个球曲柄②和㉑分别传动的。这种方式可避免因构件连接过多而影响成缝构件间的配合精度。

1. 上弯针机构

如图 9-20 所示，主轴上的上弯针球曲柄②随主轴转动时，通过连杆⑭、摆杆⑮和摆轴⑯构成空间曲柄摇杆机构，将主轴的转动转换为摆轴⑯的摆动。摆轴⑯前端紧固连接的摆杆⑰与上弯针滑杆⑱铰接，上弯针滑杆穿入上弯针滑套导孔中（图 9-21），滑套两端的轴颈与固定在机壳上的前后两轴套配合，使滑套可绕自身轴线旋转，此轴线与上弯针滑杆穿入滑套的导孔正交。当摆杆⑰摆动时，用紧固螺钉固装在上弯针滑杆⑱上的上弯针⑳的针尖运动实质上是上弯针滑杆⑱沿上弯针滑套⑲

图 9-21　上弯针滑套结构

导孔的上下运动及因上弯针滑套⑲自身旋转造成的上弯针左右摆动相复合的弧线运动。

2. 下弯针机构

如图 9-20，下弯针的控制机构由下弯针球曲柄㉑、连杆㉒、摆杆㉓组成的空间曲柄摇杆机构连接摆轴㉔和下弯针针架构成。先由空间曲柄摇杆机构将主轴的转动转换为摆杆㉓的摆动，再经过连接的摆轴控制摆轴前端固装的下弯针架与安装好的下弯针一起摆动。其中构件㉑、㉓、㉔、㉕的运动相对确定，而构件㉒的瞬时运动不确定。

（三）挑线控制机构

GN20-3 型高速三线包缝机的挑线控制机构采用针杆挑线方式。

（四）送料控制机构

GN20-3 型高速三线包缝机的送料控制机构属前后差动式送料，与其他类型的高速包缝机送料机构的结构形式和工作原理大致相同。在该机的送料控制机构中有两个送布牙架，即差动送布牙架㉝和主送布牙架㉞。差动送布牙架上安装有差动送布牙㊲；主送布牙架上安装有主送布牙㉟和送线牙㊱，差动送布牙和主送布牙沿送布方向在同一个平面内。

高速包缝机送料控制机构的送布运动由送布牙的上下运动和前后运动复合而成近似椭圆的运动轨迹。

1. 送布牙上下运动控制机构

如图 9-20 所示，由抬牙偏心轮㊳、抬牙滑块㊴、主送布牙架㉞组成的类似曲柄摇杆机构（其运动转换特点与曲柄摇杆机构一样），将主轴的转动转换为主送布牙架的上下运动（差动送布牙架㉝的上下运动与主送布牙架相似）。在抬牙偏心轮㊳随主轴转动时，套在抬牙偏心轮上的抬牙滑块㊴和滑块㊽控制两牙架㉝、㉞上下运动时始终保持水平，从而实现了主送布牙㉟、送线牙㊱和差动送布牙㊲上下运动的一致性。

2. 送布牙前后运动控制机构和针距调节机构

如图 9-20 所示，主轴上的送布偏心轮㊵、连杆㊶、摆杆㊷组成类似的曲柄摇杆机构，将主轴的旋转运动转换为送布轴㊸的往复摆动。在送布轴上固装的弧形送布摆架㊹及同轴的另一送布摆轴㊺分别通过连杆㊻和㊼，传动差动送布牙架㉝和主送布牙架㉞做前后运动，此时，两牙架均在方形滑块㊴、㊽表面滑动，与指牙滑块㊴传动的送布牙架上下运动复合，实现了差动送布牙㊲、主送布牙㉟及送线牙㊱的封闭式椭圆形送布运动轨迹。

在高速包缝机中，送布偏心轮㊵是组合的凸轮机构，其偏心距是可以调节的（因机构较复杂，图 9-20 中未绘出，调节方法在针距调节部分讲述，偏心距的调整类似曲柄长度可调）。偏心距的改变将直接影响送布轴㊸摆角的大小，因此，也就改变了针距大小。当偏心距调至最大时，针距最长，线迹密度最稀；偏心距调至最小时，线迹密度最密，针距近于零。

3. 差动送布调节机构及调节原理

如图 9-20 所示，送布轴㊸上的送布摆轴㊺与连杆㊼的铰接点和送布轴㊸的轴心距离是固定的，因此，对应送布偏心轮㊵的某一位置，在某一针距下缝纫时，摆轴㊺所传动的主送布牙和送线牙前后运动的幅度也是固定的。紧固在送布轴㊸左端的弧形送布摆架㊹，通过套在摆杆上的滑套㊾与连杆㊻铰接，滑套在弧形摆杆上的位置可以调节，即铰接点与送布轴㊸的轴心距离是可调的。当此距离与送布摆轴㊺和连杆㊼铰接点距轴心的固定距离相等时，两牙架前后移动速度相同，称为零差动；而当此距离调节为大于上述固定距离时，差动牙的送布速度大于主送布牙送布速度，称为正差动，反之即负差动。

差动调节摆轴52右端固装的摆杆51与差动调节拉杆50铰连，而差动调节拉杆的上方又与滑套49铰连，在钮簧53的作用下，差动调节摆轴52左端固连的差动扳手54向上紧靠差动微调螺杆57头部，在缝纫时，旋紧差动调节螺母55，即将差动扳手54固装在差动刻度板56的弧形槽某一位置。调节时，松开差动调节螺母55，旋动微调螺杆57，迫使差动扳手54改变位置，同时通过摆轴52、摆杆51及差动调节拉杆50的动作传递，从而改变滑套49在弧形送布摆架44上的位置，使滑套49和连杆46的铰接点与送布轴43的轴心距离发生改变。如前所述，此时差动送布牙的送布速度相对于主送布牙发生变化，紧固差动调节螺母55，包缝机即在新的差动状态下进行缝纫。

（五）切边刀控制机构

GN20-3型高速三线包缝机的切刀控制机构由上刀架机构和相对固定的下刀架组成，上刀架运动控制机构推动上刀上下运动，与固定在下刀架上的下刀形成剪口，在缝纫时连续切齐输送缝料的多余布边。

如图9-20所示，上切刀的控制机构由切刀曲柄③、连杆27和摆杆28组成平面曲柄摇杆机构，通过连接的摆轴29带动摆轴左端与上刀架30固连的上刀架实现上下往复运动，用螺钉把上刀31固装在上刀架上一起完成切割运动。下刀32安装在下刀架上，依靠下刀架弹簧的作用力，使上、下刀紧贴（图中未绘出），上、下刀均可在各自的刀架上进行调节，使两者的配合达到最佳的切布状态。需要特别说明的是：摆轴29装在连杆27上，随连杆沿水平方向的运动得到加强，延长了切刀水平移动的距离，使切割动作更加有效。

三、GN20-3型包缝机的运动配合与调整

（一）直针与下弯针的配合

如图9-22所示，当机针上升至最高位置时，针尖到针板上平面的距离为9.9～10.1mm［图9-22（a）］；当下弯针运动至左极限位置时，弯针尖到机针中心线的距离为3.8～4.0mm［图9-22（b）］；当下弯针向右运动，针尖位于机针中心线时，下弯针针尖与机针间隙为0～0.05mm［图9-22（c）］。

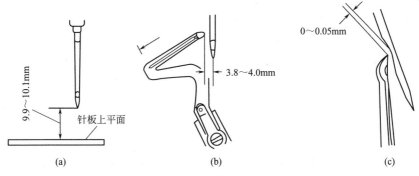

图9-22　直针与下弯针配合要求

（二）上弯针与直针的配合

如图9-23所示，当上弯针运动到左极限位置时，上弯针针尖到机针中心线的距离为4.5～5mm。

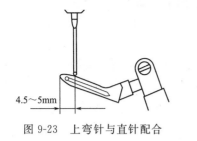

图 9-23 上弯针与直针配合   图 9-24 上、下弯针配合

（三）上、下弯针的配合

如图 9-24 所示，当上、下弯针交叉时，由于弯针为非圆截面，会产生非对称的两个间隙，分别为 0.2mm 和 0.5mm。

（四）机针和护针板的配合

如图 9-25 所示，当机针运动至最低位置时，前护针板和机针间的间隙（机针浅槽一侧，要考虑过线需要）为 0.1~0.2mm。如图 9-26 所示，当下弯针尖向右运动至机针中心线时，下弯针护针板与机针的间隙（机针长槽一侧，可使机针尽可能靠近护针板以减少抖动）为 0。

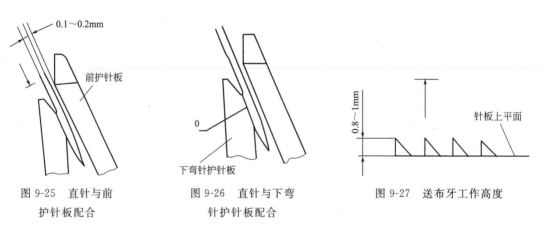

图 9-25 直针与前   图 9-26 直针与下弯   图 9-27 送布牙工作高度
护针板配合   针护针板配合

（五）送布牙工作高度

如图 9-27 所示，当送布牙位于最高位置时，从主送布牙后齿尖到针板上平面的距离为 0.8~1mm。高速包缝设备的送布牙调整要适当高些，以防止面料因送布速度快而出现打滑的情况。

（六）压脚提升高度

提升压脚时，从针板上平面到压脚底平面间的距离为 5mm。

四、GN20-3 型包缝机的使用

（一）新机磨合

新设备使用之初，电动机上的皮带轮应安装较小直径的，使机器以额定转速的 80% 运行，待充分磨合约 1 个月后方可提高转速，正常运行，这样可以使各机构之间的配合更加协调，减少受力不均衡产生的过度磨损，从而提高使用寿命。

（二）机器的润滑

机器应使用特18＃高速工业缝纫机油进行润滑。注油时先旋下机头上方的注油盖螺钉，如图9-28所示，倒入机油，并使机内油量显示器杆的顶端处在油位计两根红线之间。

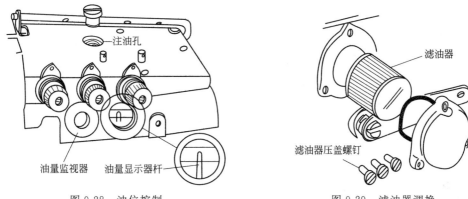

图 9-28　油位控制　　　　　　　图 9-29　滤油器调换

在缝纫机使用过程中，供油系统工作正常时，油量监视器应呈绿色，一旦转为红色则表明供油不正常，应及时检查油量是否不足或滤油器是否有问题。滤油器一般应每半年检查1次，堵塞的滤油器将失去滤油作用，引起润滑不良，此时应该调换。调换的方法如图9-29所示，松开机后滤油器压盖螺钉，更换新的或清洗干净的滤油器，重新紧固好压盖即可。

新机器在使用前或机器长期停用重新使用时，务必用油壶在油孔①、针杆滑套②、上弯针夹紧轴③三处各加油2～3滴，如图9-30所示。即使每天使用的机器，在开始运转时也要给油孔①加适量的润滑油。经常使用的机器每月应换油1次，换油时旋出机后下方的排油螺钉即可排油，再旋紧后即可注入新油。

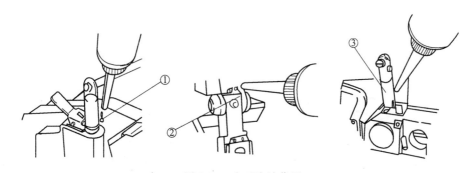

图 9-30　人工注油位置
①油孔　②针杆滑套　③上弯针夹紧轴

（三）硅油装置的使用

如图9-31所示，在高速缝纫时，应给图中所示的硅油盒加入硅油，硅油装置不仅可使直针缝线变得柔软，而且经过直针头部针孔时，可将硅油留在机针上，吸收热量后迅速蒸发，使机针针温降低。

图 9-31　硅油装置

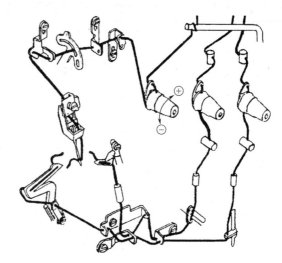

图 9-32　穿线示意图

（四）机针选用和安装

GN20-3 型高速三线包缝机随机所带机针为日本风琴牌 DC×27 型，必要时，也可根据情况换用其他机针，但需经调整满足配合要求。安装时，应使机针顶住装针孔孔底，长针槽应对着操作者，然后拧紧螺钉。

（五）穿线及缝线张力调整

该机穿线方法如图 9-32 所示，缝纫时，通过各缝线的夹线器螺母适当调节张力，使线迹达到要求。当缝料、缝线、包缝宽度、线迹长度等改变时，也应相应调节各缝线张力，直至达到满意。对高速包缝来说，缝线所经过的相邻机件间距越小，则空气扰动越轻，缝线张力越稳定。注意穿线时不应漏穿或跳穿。

（六）压脚压力

图 9-33 中，机头上方的调压螺钉用以调节压脚压力，在保证获得满意线迹的前提下，压脚压力应保持最小。

图 9-33　压脚压力调节

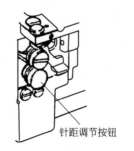

图 9-34　按钮或针距调节

（七）针距调节

高速包缝设备采用了按钮式针距调节方式，如图 9-34 所示，左手按住按钮，右手转动机轮，在感到按钮在某个位置被压入后（相当于曲柄长度调整），继续转动机轮，使机轮上的某一刻线对准机轮罩上的标志线，达到需要的针距时，松开按钮，使其复位，包缝机即可按改变后的针距进行缝纫。其原理如前所述，在此过程中，送布偏心轮的偏心距已经改变。表 9-7 是机轮罩上的指针标线与各刻度对准时对应的针距关系表。

表 9-7　机轮罩上的指针标线与各刻度对准时对应的针距的关系

机轮刻度标号	1	2	3	4	5	6	7
对应针距/mm	1	15	2	2.5	3	3.5	3.8

注：此表是差动比最大时的情况。

（八）差动比调节

差动比是主送布牙送布量与差动送布牙送布量之比。在针距（主送布牙送布量）确定后，主送布牙的送布量为一确定值，这时如果改变差动送布牙送布量就可以达到差动送料的目的。在缝制弹性面料时，应使差动送布牙送布量大于主送布牙送布量，这种送布状态为正差动（亦称顺差动），此时形成推布缝纫，以防缝料被拉长。缝制滑性缝料时，应调整差动送布牙送布量小于主送布牙送布量，此时为负差动（亦称逆差动），形成拉布缝纫，可避免缝料打滑或起皱。在缝制普通缝料时，可使差动送布牙和主送布牙送布量一样，此时称为零差动。在需要进行打褶包缝时，可调为较大的正差动比来实现。差动送料机构就是为防止各种滑性和弹性缝料在包缝时产生滑动或起皱，解决缝纫设备的适料性而设计的。

缝料的性质差异很大，但通过相应的差动调节，即可获得满意的包缝效果。调节的方法如图 9-35 所示，打开缝台，松开差动调节螺母①，转动微调螺母②，左旋时差动比加大，右旋时差动比减小，达到满意效果后，拧紧差动调节螺母①，合上缝台即可。表 9-8 列出了调节差动扳手③的对准刻度板④上某刻线时所对应的差动比值。

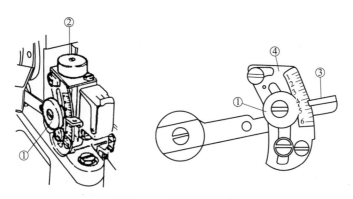

图 9-35　差动送布调节
①差动调节螺母　②微调螺母　③差动扳手　④刻度板

表 9-8　刻度与差动比的关系

刻度板刻度	1	2	3	4	5
对应差动比	1：0.7	1：1	1：1.4	1：17	1：2

（九）包缝宽度调节

高速包缝设备的包边宽度调节方法及调整顺序如下（图 9-36）。

（1）转动机轮，使上切刀运动至最低位置。

（2）松开下切刀架紧固螺钉①，将下切刀架②推至最左边后，用螺钉①暂时紧固。

（3）松开上切刀架紧固螺钉③，将上切刀架④移到合适位置，将螺钉③拧紧。上切刀最低位置调整如图 9-37 所示（参考后面上切刀的更换）。

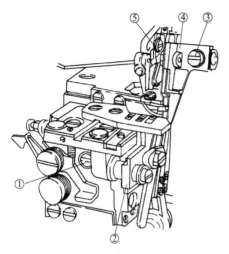

图 9-36　包缝宽度调节机构
①下切刀架紧固螺钉　②下切刀架　③上
切刀架紧固螺钉　④上切刀架　⑤螺钉

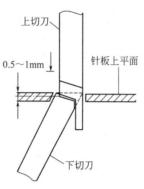

图 9-37　上下切刀重叠量

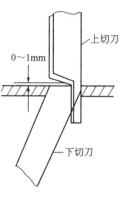

图 9-38　上下切刀
剪口位置要求

（4）转动机轮，如图 9-38 所示，使上切刀刃根部高出针板上平面约 0～1mm，再松开螺钉①，在弹簧力作用下，使上、下切刀紧贴，最后将螺钉①重新拧紧。此时，新的包缝宽度即可确定，然后通过对缝线张力的调整方可获得满意的线迹。

（十）切刀的更换和安装

切刀长期使用必然会磨损，会影响包缝的正常进行，此时可卸下切刀，经刃磨后重新安装或直接安装新刀。

1. 上切刀的更换

如图 9-36 所示，松开螺钉①，将下切刀架②推至最左位置用螺钉①暂时固定；松开上切刀紧固螺钉⑤，取下切刀予以刃磨，将刃磨好的刀或新刀安装上，转动机轮，使上切刀架④处于最低位置，如图 9-37 所示，上下移动上切刀，使上、下切刀重合量为 0.5～1mm，然后拧紧上切刀紧固螺钉⑤；如图 9-38 所示，调整上切刀刃根部高出针板上平面约 0～1mm 时，松开螺钉①，在弹簧力作用下，使上、下切刀紧贴，最后拧紧螺钉①。

2. 下切刀的更换

更换下切刀的操作方法如图 9-39 所示。松开螺钉①，将下切刀架②推到最左边后用螺钉①暂时固定，松开螺钉④，取下切刀③，换上新刀，使其刀刃与针板上平面平齐，然后拧紧螺钉④。

下切刀架其他的复位操作与上述调整相同。

3. 切刀的维护

切刀变钝需要研磨时，必须使刀片保持原有的刀刃角度，磨损过于严重时则应及时更换新刀片。在刀片研磨或使用过程中，要严格控制刀片的温度，避免高温下缓慢降温的发热退火现象发生，以保持刀片的刚性和切割的有效性。

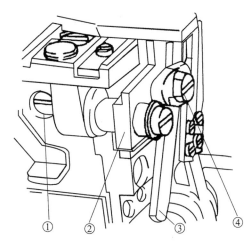

图 9-39　更换下切刀

①下切刀架紧固螺钉　②下切刀架

③下切刀　④下刀紧固螺钉

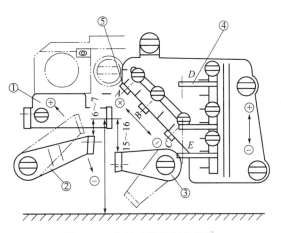

图 9-40　弯针出线量调节装置

①固定过线器　②、③活动过线器　④下弯针线

可调过线器　⑤上弯针线可调过线器

（十一）弯针出线量的调节

图 9-40 中，活动过线器②、③随机器运转往复摆动，上、下弯针线均从过线孔穿过，在运动中实现缝线的供应和收紧。

一般情况下，当下弯针在右极限位置时，固定过线器①的过线孔心与活动过线器③的定位尺寸为 15～16mm，与活动过线器②的定位尺寸为 6～7mm。

当使用伸缩性缝线，并且需要较大出线量时，可按图示将活动过线器②由标准位置向"＋"方向调节 2mm 左右。

一般情况下，上弯针线可调过线器⑤固定于位置 B，下弯针线可调过线器④固定于位置 E，当使用伸缩性缝线或需增加出线量时，过线器⑤可向 A 方向调节，过线器④可向 D 方向调节。

弯针出线量调节装置的工作原理，实际上是利用单面摩擦，在摩擦力增加时，缝线上的张力也增大，出线量增多；反之则出线量减少。

（十二）机器的保养

每次使用后应及时做好针板、针夹、送布牙、弯针等部位的清洁。清扫时，只要松开压脚并向左侧转离开工作位置，然后转开缝台即可进行。要特别注意机器的润滑，使机器始终在正常的润滑状态下工作。运转中如发现故障，可按上述的要求进行检查，及时排除，保证缝纫质量。

五、GN20-3 型高速包缝机的维修

高速包缝设备的运行速度快，机件之间配合精度要求较高。在设备运动传递准确的前提下，大部分故障现象与缝线的张力波动有很大关系（表 9-9）。

表9-9 部分常见故障现象分析及处理（有关详细内容请参考设备维修手册）

故障现象	产生原因	处理办法
断直针线	穿错线	重新穿线
	线架上方的过线钩与机针线轴不在一条中垂线上	调正线架
	缝线张力过大	调小张力
	缝线质量较差	换质量好的缝线
	机针孔堵塞或针尖变钝	换新针
	过直针线机件的过线孔有毛刺	修光或换新
	针板上直针通道周围有毛刺	修光或换新
	下弯针有毛刺	修光或换新
	直针与前护针板间距过小	重新调整
断弯针线	穿错线	重新穿线
	弯针线过线钩与弯针线轴不在一条中垂线上	调正线架
	缝线张力过大	调小张力
	缝线质量较差	换质量好的缝线
	弯针挑线杆位置不好	调至正确位置
	过弯针线零件的过线孔有毛刺	修光或换新
	针板上有毛刺	磨光或换新
上弯针线跳针	上弯针与直针定位不准	上弯针运动至左极限位置时，调整上弯针尖到直针中心线水平距离为4.5～5mm
	上弯针与直针间隙太大	调整上弯针靠近直针，间隙不超过0.05mm
下弯针线跳针	上、下弯针交叉时间隙过大	适度调整上、下弯针间隙

第六节　链缝设备及应用

链缝机的针杆控制机构与平缝机相同，但其他控制机构与平缝机差异较大。链缝机无需像梭缝机一样频繁地更换底线，生产效率较高。链缝机每次形成线迹时，直针线供线量小于梭缝的直针供线量，明显减少缝线在针孔中往复摩擦所造成的强度损失，因而链缝线迹的强度、耐磨性和弹性等指标优于梭缝，如401线迹在衬衫、睡衣、运动装、牛仔服等服装加工中广泛使用（表9-10）。

表9-10 常见的两种链缝设备

设备型号	设备名称	设备性能	生产厂家
GK0056系列	双针链缝机	采用连杆式送料机构，针杆挑线、弯针勾线，双线链式线迹，牢固且富有弹性，适用于薄料、中厚料，以及床上用品、皮革制品等	西安标准工业股份有限公司
GK321系列	多针链缝机	采用弯针纵向摆动机构和拨杆机构，机壳全封闭并可充分润滑；针间距种类多，装饰线迹样式多，适用于各种松紧带、装饰条等	西安标准工业股份有限公司

一、链缝设备的分类

根据直针个数与缝线根数，可将链缝机分为单针单线、单针双线、双针四线、三针六线、四针八线等链缝机。除单针单线链缝机是一根带线直针与一个不带线的旋转线钩配合形成链式线迹外，其他链缝机都是由带线直针与带线弯针成对配合运动完成单个或多个平行的双线链式线迹（图9-41）。

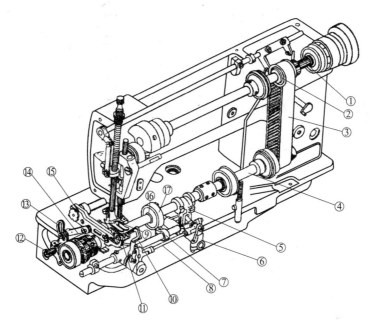

图9-41 GK19-1链缝机结构图

①主轴 ②同步齿型带轮 ③同步齿型带 ④下轴 ⑤⑧⑭⑰连杆 ⑥⑦摆杆 ⑨机针 ⑩弯针
⑪送布牙 ⑫送布轴 ⑬可调送布摆杆 ⑮送布牙架 ⑯偏心轮

二、双线链式线迹的形成原理

双线链式线迹401是由一根带线直针和一根带线弯针相互配合、循环往复穿套而形成的（图9-42）。

（1）如图9-42(a)～图9-42(c)所示，直针穿刺缝料到达最低点后回升形成直针线环，弯针沿轨迹Ⅰ向左穿入直针线环中。

（2）如图9-42(a)、图9-42(d)、图9-42(e)所示，直针上升离开缝料，弯针沿轨迹Ⅱ从直针后侧移到直针前侧（也称为让针运动），送布牙将缝料推送一个针距。直针再次下降穿刺缝料并穿入弯针头部形成的弯针线环中，然后弯针沿轨迹Ⅲ回退。

（3）如图9-42(a)、图9-42(f)、图9-42(g)所示，直针再次形成线环，此时弯针沿轨迹Ⅳ复位，完成一个循环。弯针再次穿入直针线环时，前一个线迹被收紧。

三、链缝设备的工艺应用

双线链式线迹401在服装缝制工艺上应用范围很广，既可作缝合线迹用于运动、休闲和牛仔服装，也可以用作加固线迹用于服装肩部或裆部等受力较大部位，还可以用于特殊工艺

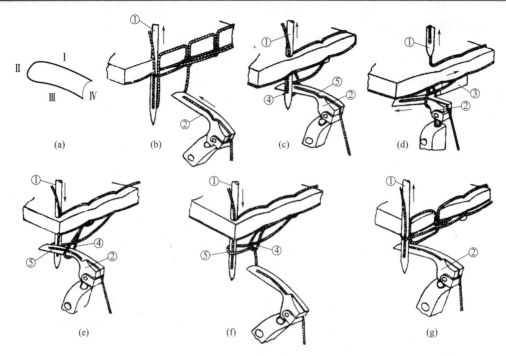

图 9-42　双线链式线迹形成过程
①机针　②带线弯针　③送布牙　④直针线　⑤弯针线

处理，如松紧带或腰部工艺设计等。多针链缝有时会根据工艺具体应用被称作拉腰机用于女装长裙的束腰设计（图 9-43）。

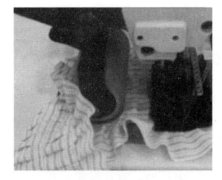

图 9-43　多针链缝设备的应用

链缝设备有时会因机构间运动不协调或机件间相对位置不准确等原因而发生各种故障（表 9-11）。

表 9-11　多针链缝设备部分故障原因及处理办法

故障现象	故障原因	处理办法
跳针	穿线错误	按穿线图示穿线
	弯针定位不对，或针间配合间隙大，弯针钩不到直针线	重新定位，或调整直针与弯针的配合
	拨线杆定位不准，或与直针、弯针间隙过大	调整拨线杆位置
	拨线杆变形	更换拨线杆
	直针或弯针的出线量过多	调整出线量

故障现象	故障原因	处理办法
断弯针线	弯针过线孔有毛刺	磨光弯针过线孔
	弯针线穿错	重新正确穿线
	弯针过线板过线孔有毛刺	磨光弯针过线板与过线孔
	弯针夹线器过紧	调松夹线器压力
	送布牙齿有毛刺或锋口	修磨齿面毛刺或锋口
缝料起皱	送料逆差比太小	调整拉料轮的拉料量小于送布牙的送料量,调节至缝料平整
	机针或弯针的出线量不足	调整直针与弯针的出线量
	压脚底面与送料牙不平	调平压脚底面与送料牙或换新
噪声	机件松动或互相碰撞	重新紧固或调整
	油路不畅,机件润滑处缺油	拆洗油盘、油泵,去除油路污物
	防振橡皮失效	检查防振橡皮垫或换新
运转不良	机器装配不良	检查设备装配情况,重新调整
	运动部件内夹有异物	清除异物,保持设备清洁
	润滑油不洁净	清洗设备,更换润滑油

第七节 绷缝设备及应用

绷缝设备广泛应用于针织服装的缝制,其线迹的强力和弹性都比较好,适用于缝制内衣、睡衣、裤子以及汗衫、卫生衣等。这类设备有滚领、滚边、挽边、拼接、绷缝加固、两面装饰缝、片面装饰缝等多种功能。绷缝设备一般采用两根以上的直针与一个弯针配合形成扁平状的线迹(表9-12)。

表 9-12 FY31016 系列高速绷缝机的性能指标

设备参数 \ 设备型号	FY31016-01CB	FY31016-02BB	FY31016-03EB	FY31016-04DB
直针数	2/3	2/3	2/3	2/4
缝线数	4/5	4/5	4/5	4/6
机针间距/mm	3.2~6.4	3.2~6.4	3.2~6.4	5.6~6.4
针迹密度/mm	1.2~4.4	1.2~4.4	1.2~4.4	1.2~4.4
差动比	1:0.5~1.3	1:0.5~1.3	1:0.5~1.3	1:0.5~1.3
压脚高度/mm	6.3	6.3	6.3	6.3
机针型号	11#	11#	11#	11#
设备转速/(r/min)	6000	6000	6000	5000
性能用途	FY31016 系列高速绷缝设备采用全封闭冷式自动润滑系统,主要传动采用同步带以确保高速低噪声性能,对有关零件材质作轻质化或特殊硬化处理,提高了设备耐磨和低振性能;该系列设备可以完成绷缝基本缝迹、盖缝、花边松紧带、双钩针环缝、缝滚条等多线链式线迹,还可用作缝制尼龙拉链、缝绣荷叶花边等专用缝纫设备			

一、绷缝设备的分类

按外形，绷缝机可分为平台式绷缝机和筒式绷缝机。

按直针数量以及是否带有装饰线，可分为双针三线绷缝机、三针五线绷缝机、四针六线绷缝机等多种类型。

绷缝机还可依据生产需要，按外形、针数、线数、用途和线迹等混合命名，如筒式双针绷缝机、平台式三针绷缝机、三针六线绷缝机、双针滚领机、双链双面装饰缝专用三针五线绷缝机等。

不带装饰线的绷缝线迹称为多线链式线迹，如402、406、407等线迹；带装饰线的绷缝线迹称为覆盖链式线迹，如602、603等600系列线迹。

二、绷缝线迹形成原理

绷缝线迹由一根带线弯针与两根以上的带线直针相互配合依次穿套形成，其基本原理与双线链式线迹形成相似。只是多根直针的排列高低位置不同，以便直针能依次穿入各直针线环中。一般弯针先穿入的直针安装最高，其余依次降低一定距离（图9-44）。

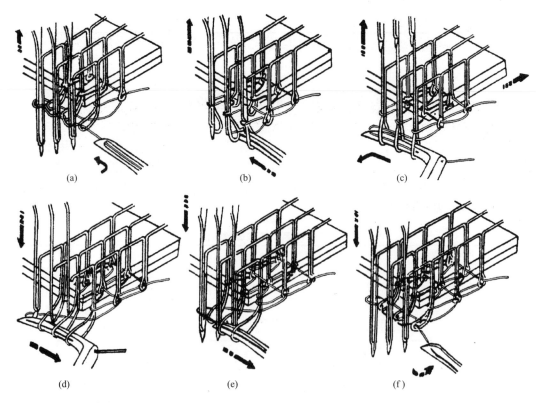

(a)　　　　　　　(b)　　　　　　　(c)

(d)　　　　　　　(e)　　　　　　　(f)

图 9-44　三针四线绷缝线迹形成过程

三、绷缝设备常见故障及处理

绷缝设备会因为各种各样的原因而产生故障，所以要定期检查设备，发现问题及时解决（表9-13）。

表 9-13　绷缝设备部分常见故障现象及处理办法（详细情况可参阅设备使用说明或维修手册）

故障现象	产生原因	处理办法
缝料起皱	差动送料比率不当	适当调整差动比
	送布牙前后、高低位置不合适	按要求重新调整送布牙位置
	缝线张力过大	适当调整缝线张力
	压脚压力不合适	调整压脚压力
	小压脚不灵活,大小压脚间嵌入缝线或生锈	清除异物、除锈或更换压脚
线迹不良	缝线粗细不匀	使用高质量缝线
	夹线器工作不正常	清除夹线器内杂尘,使过线平顺
	过线器定位不正确	调整机针线、弯针线、绷针线张力
	过线孔不光滑	打磨或抛光过线孔
针洞	机针尖钝或发毛	更换机针
	机针太粗,不匹配缝料	采用合适的细针
	针板眼太小或起边角	把针板眼修圆

第八节　套结设备及应用

套结机是专门用于服装及其缝制品特殊缝迹处理的缝合加固设备,如服装的袋口、裤襻、纽孔尾部、背带及各种缝制品的受拉力部位均采用套结机加固,以提高这些部位的耐用程度。套结所用缝迹类型较多,其中花式套结不仅在受力部位起到加固作用,同时又有装饰效果（图 9-45）。

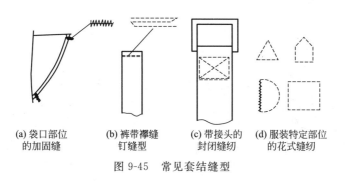

(a) 袋口部位　　(b) 裤带襻缝　　(c) 带接头的　　(d) 服装特定部位
的加固缝　　　钉缝型　　　　封闭缝纫　　　的花式缝纫

图 9-45　常见套结缝型

一、套结设备性能及工艺应用特点

不同类型的套结设备在结构和功能上存在一定的差异,但其工作原理相似,本文以服装企业常用的 GE1-1 型套结机为例进行介绍。

GE1-1 型套结机用于服装或其他缝制品受力较大部位的加固缝纫,例如袋口、裤带襻、背带等受拉力较大部位的套结,以提高这些部位的耐用程度。GE1-1 型套结机的缝型针数为 42 针,根据缝制部位的尺寸及要求,可在一定范围内调整套结长度和宽度。该机适用范围广,具有较高的生产效率和良好的工作性能。派生型号 GE1-2 型套结机缝型针数为 21 针，专用于各类服装圆头纽孔尾部的加固套结，两种机型的机器结构、传动原理及操作调整基本相同，只是送布凸轮的凸轮曲槽、压脚及拖板的形状构造有所差异（表 9-14）。

表 9-14　GE1-1 型套结机技术规格

套结针数	缝速/(r/min)	针杆行程/mm	套结长度/mm	套结宽度/mm	压脚提升高度/mm	最大缝厚/mm	机针型号及针号	机针数	缝线数	电动机功率/W
42	1600	39.6	6～16	1～3	16	6	G96(11#～18#)	1	2	370

图 9-46 为 GE1-1 型套结机形成的加固套结缝型。图中的数字顺序是缝制程序，图示第 1～13 针所形成的线迹通常称为缝衬线，而从第 14～42 针锯齿形的缝迹则是套结线迹，这样形成的加固缝美观、挺括、坚牢。图中的套结长度和宽度均可根据需要分别在一定范围内调节，整个套结是在机器启动后一次自动完成的。

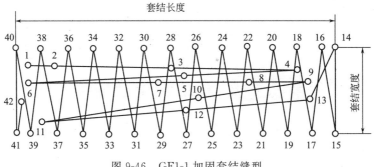

图 9-46　GE1-1 加固套结缝型

二、套结设备的维修

套结设备在实际生产中常见的故障有跳针、断线、断针、浮线等一旦出现故障，一定要及时处理（表 9-15）。

表 9-15　部分常见故障现象及处理方法（详见有关设备使用和维修说明书）

故障现象	故障原因	处理方法
跳针	机针与摆梭配合失准	按配合要求调整
	机针弯曲	换针
	机针长槽方向错误	重新安装
	压不住缝料	调整压脚压力
	梭尖变钝	修磨或更换摆梭
断线	摆梭或梭托有毛刺	修磨
	梭床内嵌入线头或有污物	清理
	针板容针孔有毛刺	用细砂条磨光
	机针与压脚框碰撞	调整压脚位置
	面线过紧	调松夹线器
	面料与针不匹配	选用合适的针

续表

故障现象	故障原因	处理方法
浮线	面线或底线过松	适当调节张力
	挑线盘安装错误	重新安装调整
	摆梭与梭托过线间隙过小	保证过线间隙为 0.3~0.5mm

第九节 钉扣设备及应用

纽扣是重要的服饰配件，设计和使用得当，不仅能起到系紧服装的作用，还能达到出人意料的装饰效果。因此，有人把扣子比作服装的眼睛，把纽扣的设计和制作比作画龙点睛，足以体现纽扣的服饰配件地位。由于手工缝钉纽扣效率低且质量难以控制，在服装制作时普遍采用专用的钉扣设备来完成。钉扣设备一般用于缝钉四眼或两眼圆平纽扣，对子母扣、带柄纽扣（金属或塑料都有）、风纪扣、缠绕扣等特殊需求，可配备相应的缝钉用附件辅助完成。不过，有些组合扣可不采用缝钉的方式。

一、钉扣设备的分类

钉扣设备很多，按形成线迹一般分单线链式线迹钉扣机和双线锁式线迹钉扣机（也称为平缝钉扣机）两大类。

国内服装业使用的主要机种是单线链式线迹钉口机，如国产的 GJ1 型、GJ2 型、GJ3 型、GJ4 型、GE2107 型及美国生产的 275E 型、日本生产的 MB-372 系列型等。单线链式钉扣机通过旋转线钩与机针配合，在纽孔间重复形成相互重叠和挤压的线迹，并依靠最后两针刺入同一纽孔完成打结，提高了线迹的抗脱散能力。双线锁式线迹钉扣机在生产中也有采用，如美国胜家 269W 型、日本重机公司生产的 LK-981-555 型钉扣机等，双线锁式线迹钉扣机线迹结实美观，并有打结机构，钉扣线迹的抗脱散性能较好。单线链式线迹钉扣机结构较为紧凑，调节方便，线迹也有良好的抗脱散能力。

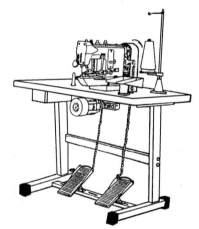

图 9-47　GJ4-2 型钉扣机

GJ4-2 型单线链式钉扣设备在服装厂使用较普遍（图 9-47，表 9-16）。

表 9-16　GJ4-2 型钉扣机技术规格

速度 /(r/min)	纽扣外径 /mm	机针摆动距离 /mm	纽夹移动位置 /mm	线迹形式	机针型号	缝钉针数	使用缝线
1400	9~26	2~4.5	0~4.5	单线链式	GJ4×100(16#) GJ4×110(18#) GJ4×130(16#)	20 针 (16)线	棉线、丝线、涤棉线

二、钉扣设备的维护

钉扣机的故障较其他缝纫机械要少，故障原因相对容易查找。利用传动原理图可定位排除某些传动装置的故障（表9-17）。

表 9-17　部分常见故障现象与处理办法（详细情况请查阅有关设备资料）

故障现象	故障原因	处理办法
跳针	旋转线钩与机针运动配合失准	按配合要求调整
	纽夹位置不合适，机针撞到纽孔影响线环形成	调整纽夹位置
	机针安装不正确或弯曲	重新安装或更换
	旋转线钩轴前后窜动	调小间隙防止窜动
	剪后留线短，起缝时不易成圈	调割线动作早于抬纽夹，或调大输线杆与拉线钩距离
	旋转线钩磨损，有毛刺	修磨或更换
	缝针与方孔板位置失准，相互碰撞	调方孔板使机针处于中间位置
断线	缝线质量差	换线
	机针槽及针孔不光滑	换针
	旋转线钩有毛刺	修磨
	机针与线钩配合失准	按配合要求调整
	中间夹线器太紧	调整中间夹线器
	过线机件生锈或有毛刺	修光
断针	纽扣位置偏，与机针相撞	准确安放纽扣
	纽夹位置不正	重新调节
	旋转线钩与机针相撞	重新调整间隙至 0.05mm
	机针扎入纽孔时还没有结束摆动	调整蜗杆位置，使机针进入纽孔前停止摆动
	摆针距或跨针距与纽孔间距离有偏差	重新调节
	机针与机针挡块碰撞	重新调节

第十节　撬边设备及应用

撬边设备俗称缲边机、暗缝机、扎驳机或扦边机等，主要用来对上衣下摆、裙摆以及裤脚等部位进行撬边作业，装上专用附件可用于西服驳头的门襟衬加工。撬边时要求能将服装的折边与衣身缝合，而且服装正面又不露缝线。撬边设备相对于人工作业，效率高且质量也能保证（图9-48，表9-18）。

表 9-18　常见撬边设备的性能及用途

型号\参数	GL6101-1 型 华南牌 华南缝纫机工业公司	CB-640 型 日本东京重机	67-16221-01 型 德国 PFAFF	7SS 型 美国胜家
机器转速/(r/min)	2500	2500	1200	2500
最大针距/mm	8	8	7	8

续表

型号\n\n参数	GL6101-1 型\n华南牌\n华南缝纫机工业公司	CB-640 型\n日本东京重机	67-16221-01 型\n德国 PFAFF	7SS 型\n美国胜家
压脚升距/mm	9	9		7
用针型号	9#～16#	LW×6T(弯针)	29-34 或 LW×6T	3690
电机功率/W	200	184	120	250
性能、用途	适用于化纤、针织、棉、呢绒等服装的暗缝	适用于各种厚度衣裤下摆裤口撬边	适用于筒形衣物暗缝撬边	适用于衬衣、运动衣、外衣、西裤卷边撬边暗缝

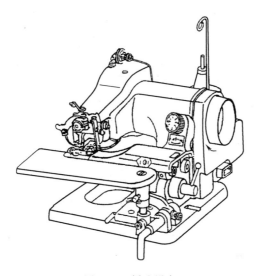

图 9-48　撬边设备

一、撬边线迹形成原理

图 9-49 为单线链式撬边线迹的形成过程，由一根带线弯针与成圈叉相互配合形成撬边线迹。

图 9-49(a) 为第一阶段，带缝线弯针①从左向右摆动，在送料即将结束时刺入缝料，弯针在顶布轮上方穿过缝料后进入针板右面的弯针槽内，如图 9-50 所示。弯针与针槽底部的配合尺寸为 0～0.5mm，要求弯针能顺利在槽中运动且保证弯针弧度不因受力而变形。缝料和弯针针孔间的缝线由于张紧与弯针形成一定间隙，此时成圈叉③开始沿箭头方向运动。

图 9-49(b) 为第二阶段，弯针到达最右位置，成圈叉③继续向前运动。当弯针向左回摆时，弯针与缝线之间间隙加大，成圈叉进入此间隙中准备挑线。

图 9-49(c) 为第三阶段，弯针左摆至极限位置，成圈叉③挑起弯针线环并逆时针旋转 90°，从右侧摆至左侧，送布牙④在缝料上方压送缝料。

图 9-49(d) 为第四阶段，弯针再次从左向右摆动，并穿入成圈叉挑起的线环中，然后成圈叉开始回退。

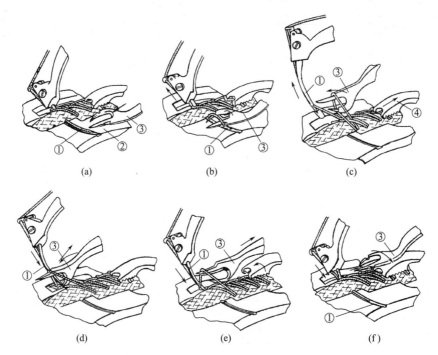

图 9-49　单线链式撬边线迹的形成过程
①弯针　②针板　③成圈叉　④送布牙

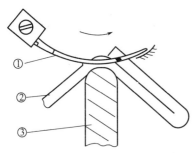

图 9-50　弯针与顶布轮和针槽配合图
①弯针　②缝料　③顶布轮

图 9-49(e) 为第五阶段，弯针刺入刚送进的缝料，完成送料后的送布牙抬起并复位。

图 9-49(f) 为第六阶段，穿过缝料后的弯针继续右摆。成圈叉退出线环，边退边做顺时针旋转，从左侧回摆至右侧复位。

如上所述，完成单线链式撬边线迹的一个循环。

二、撬边设备的使用与保养

(一) 针、线、缝料的匹配

根据缝料选用合适的缝针与缝线，才能获得满意的撬边效果，保证服装正面不露线迹 (表 9-19)。

表 9-19　针、线、缝料的匹配

缝料	针号	缝线/tex
较薄缝料	11#	12.5～10(80～100 公支)
棉、毛中厚料	14#	16.67～14.28(60～70 公支)
较厚面料	16#	20～16.67(50～60 公支)

(二) 弯针安装

图 9-51 中，安装弯针时，先顺时针转动机轮，使针架②摆至左极限位置，松开锁针螺

钉⑤，将弯针柄插入装针槽①并推至顶端，拧紧锁针螺钉即可。

（三）缝制准备

弯针摆至左极限高点时，将折好的缝制位置推放到针板压舌中间，按要求操作顺序缝制即可。

（四）弯针穿线

如图 9-52 所示，由于撬边机上缝线经过机件较少，需使用专门过线器，通过改变缝线与过线机件的摩擦力，控制缝线张力发生变化，以适应不同的缝料。此外，为使缝线退绕顺利，应使导线钩与筒线中轴在一条垂直线上。

（五）撬边针距调整

如图 9-53 所示，打开设备悬臂侧盖，旋松针距调节圈①上的两个紧固螺钉②，转动调节圈至适当位置，使 V 形沟槽对准需要的针距数，再旋紧螺钉②即可。

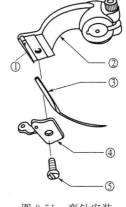

图 9-51　弯针安装
①装针槽　②针架　③弯针
④锁针片　⑤锁针螺钉

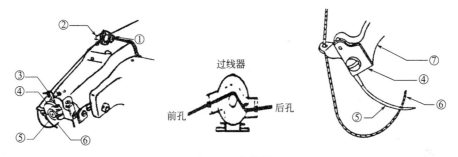

图 9-52　穿线图
①压力螺帽　②过线器　③过线圈　④锁针片　⑤弯针　⑥缝线　⑦弯针架

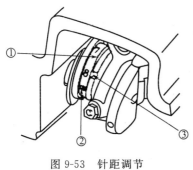

图 9-53　针距调节
①针距调节圈　②紧固螺钉　③V 形沟槽

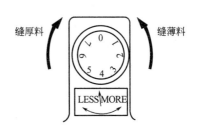

图 9-54　吃针深度调整

（六）吃针深度调整

图 9-54 为调整吃针深度用的深浅表，其上的数字仅为相对深度，而不表示实际的进针深度。吃针深度是否合理一般以缝线不露出服装正面且有足够的缲缝牢度为宜。缲缝薄料时应增加吃针深度，即将深浅表旋钮逆时针向数字大的方向调整；缝厚料时则相反。开始撬边

缝纫前，应先手动进行浅针试缝，待调整好后，方可正常撬边。

（七）跳缝装置使用

如图9-55所示，撬边设备的跳缝杆附近标有"1：1"和"2：1"的符号，"1：1"表示正常撬边无跳缝，即每针均将两层面料缲缝在一起；"2：1"表示每撬边两针，对下层缝料缲缝1次，获得跳跃针迹，即跳缝。无跳缝时将跳缝杆扳向"1：1"位置；跳缝时将跳缝杆扳向"2：1"位置。注意作业中不得随意扳动跳缝杆，设定改变时需要重新调整深浅表。

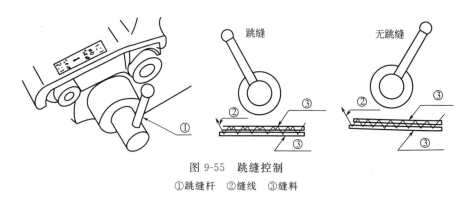

图 9-55　跳缝控制
①跳缝杆　②缝线　③缝料

（八）缝制物取出

撬边作业结束后，应将弯针摆到极限位置，使其完全退出缝料。缝制物被放松取出时应从设备后方迅速拉出，锁住尾缝线头后拉断（或剪断）缝线。

第十一节　锁眼设备及应用

一、平头锁眼设备及应用

锁眼设备是服装生产的一种专用设备，也称为纽孔缝纫机。现代化的锁眼设备具有高速、自动、多机联动以及电子程序控制等特点。根据锁缝和开刀的先后顺序，锁眼设备可分为先开刀后锁眼和先锁眼后开刀两类，分别称为"冷眼"锁眼机和"毛眼"锁眼机。平头锁眼设备一般采用先锁后开方式，圆头锁眼设备则两种类型均有。

一般来说，平头锁眼设备适用于薄料、中厚料、针织品及化纤织物的纽孔缝制，尤其适用于衬衫、男女上装、童装、工作服等服装纽孔的缝制，是服装生产中不可缺少的主要机型。

纽孔加工虽然只是服装诸多生产工序中的一个，但其缝制质量直接影响服装的外观和纽孔牢度。由于在生产中要使用各种规格尺寸的纽扣，所以锁缝的纽孔也要随时做出相应的变化。因此，了解设备的结构和工作原理，熟悉生产中常用到的各类调整，就可以更合理地进行操作和使用（图9-56）。

图 9-56　平头锁眼设备外形图

（一）GI8-1A 型平头锁眼机的主要技术规格

表 9-20 为 GI8-1A 型平头锁眼机的有关性能参数。

表 9-20　GI8-1A 型平头锁眼机技术规格

缝纫速度/(r/min)	纽孔长度/mm	套结宽度/mm	机针型号规格	抬压脚高度/mm	适用缝料
3000	6.4～19	2.5～5	GC(70～100)	8	薄料,中厚料

（二）平头锁眼缝型形式及形成过程

平头锁眼机完成的是密度较大的曲折型双线锁式线迹（图 9-57）。纽孔两端缝出的加固缝，是为增加纽孔的牢度和防止纽孔在受力时被拉长及面料撕裂。穿着中，第一加固结受力较大，为保证纽孔牢度，其针数比第二加固结略多，通常第一加固结针数占纽孔总针数的 3.5%，第二加固结占 2.5%。两横列之间间隙应保证切刀不切断缝线，但间隙偏大容易使纽孔切口变毛。

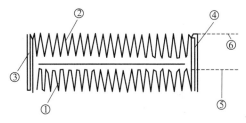

图 9-57　平头锁眼缝型
①左横列　②右横列　③第一加固结
④第二加固结　⑤左基线　⑥右基线

纽孔缝锁由左横列开始，机针的上下运动和以左基线为基准的横向往复摆动相配合，同时，送布机构将缝料向操作者方向移送，这样就实现了左横列密集的曲折型双线锁式线迹的缝制。当送布机构完成定长送布后，稍作停留，随即变前向送布为后向送布，送布暂停的同时，机针摆幅增大，进行第一加固套结的缝锁，缝一定针数后，恢复原来摆幅，此时针杆完成摆动变位，转为以右基线为基准摆动并和送布机构配合完成右横列缝制。送布机构再次实现定长送布后，停留片刻，机针摆幅再次增大，进行第二加固套结的缝锁，临结束前切刀落下，切开纽孔随即自动停车。

（三）线迹调节

平头锁眼设备可缝锁出平线迹眼和三角线迹眼两种形式的纽孔，平线迹眼的特点是横列和套结部位的面、底线交织线结均在面料中，正面只露面线，反面只露底线；三角线迹眼的特点是套结部位线结和平线迹眼相同处在缝料中，但在横列部位，线结在缝料正面，面线呈一直线，底线从左右两边与面线交织。通过面、底线张力的调节即可实现平线迹眼或三角线迹眼。

1. 平线迹眼的调节方法

旋紧梭芯套上的梭皮螺钉，加大底线张力（约 40～50N），旋松第二夹线器至完全释放状态，而第一夹线器基本不动或根据情况微调，必要时可适当调小第二夹线器挑线簧行程。

2. 三角线迹眼的调节方法

旋松梭芯套上的梭皮螺钉，减小底线张力至合适范围（约 15～20N），即用手拉住线头，梭子靠自重能缓慢匀速下滑。套结线迹可调节第一夹线器，使线结在缝料中；横列线迹则可调节第二夹线器，加大面线张力，使线结在面料正面，必要时可调大第二夹线器挑线簧行程。

（四）常见故障及处理

平头锁眼机是较复杂的专用缝纫设备，产生故障的部位和原因较多。其常见故障有断线、浮线、断针、传动系统故障及功能系统故障等（表9-21）。

表 9-21　平头锁眼机断线和浮线的缝纫故障及维修（详见有关设备说明资料）

故障		产生原因	维修方法
断面线	机器启动时	针杆下端面和针板面距离不对	转动上轴使机针降至最低，用量规调整它的间距为12.5mm，继续转上轴，针杆最高时调整间距为14.9mm
		梭尖与机针位置不正确	调整梭尖与机针引线槽间隙为0.05~0.1mm，并使梭尖处于机针中心位置
		机针柄未装到孔底	将机针柄装至针杆装针孔的孔底
		上轴、立轴、下轴沿轴向窜动	将上轴、立轴、下轴轴向窜动间隙调整到0.05mm内
		啮合累积间隙过大或过小	将上轴、立轴、下轴的伞齿轮啮合间隙均调整至0.05~0.1mm内
		压线器压力和松压线时间不正常	按要求调整压线器的压力，使压线张力均匀，调整压线、松线时间
		穿线的位置不符合要求	按合理的使用要求调整好穿线顺序和位置
		针杆行程未在规定尺寸范围内	调整针杆曲柄定位螺钉，使针杆行程为36.5mm±0.5mm
		摆针时间不正确	按本章所讲的内容调整好针摆位置
	正常缝纫时	底、面线的张力不合适	按缝料和缝线特性调控底线张力在0.6~08N，面线张力在1.2~2N
		机针和缝线配合不当	选择合适机针与缝线，面线选右旋线，底线左、右旋均可
		机针弯曲或针尖有毛、钝、针孔有毛刺	更换机针
		旋梭尖毛，旋梭过线部位有毛刺或不光滑致缝线易断裂	用细砂布或研磨膏研磨，或油石修磨锋利，并用机油清洗干净
		过线的其他零部件有毛刺或不光滑	修毛或磨光
		因为齿轮啮合不良，造成旋梭和机针位置变化，缝纫工作时好时坏	分别旋下上轴、立轴、下轴的伞齿轮螺钉，对准轴上定位平面并拧紧，再据旋梭与机针位置要求调整好
断底线		绕线器接触不良，出现时转时停，梭芯上的线松、乱、散，出线量时多时少，时紧时松	维修绕线器，使梭芯上的线均匀、紧凑、整齐
		梭子与梭芯配合精度不高，其内表面产生摩擦，造成出线不均匀	修复或配上合适的梭芯，使梭芯和梭子之间有一定间隙，运转自如
		梭皮配合不严密，间隙不匀，使底线张力时大时小	调整梭皮底面与梭子外壳的配合间隙，使配合严密，间隙均匀
		底线动剪刀背面有毛刺、底线因毛刺撕断	拆下底线动剪刀，用油石将毛刺磨光
		底剪拨线簧的拨线部位有毛刺，使底线撕断	拆下拨线簧用油石磨去毛刺，并将其抛光
浮底面线		送布与针刺动作时间不协调，造成底面线在交织过程中受阻而形成浮线	拧下针摆齿轮的螺钉，微转齿轮调节好针摆凸轮的位置，直到机针左、右摆动时离针板高度相等为止
		底线张力过大，或面线的张力大	调节夹线器螺母，浮底线调大面线张力，浮面线调小面线张力，一般先调底线，再调面线张力

续表

故障	产生原因	维修方法
毛巾状浮线	旋梭被损伤,钩线部位有毛刺或裂痕,线通过时受阻	把旋梭钩线部位用油石或细砂布将毛刺修去,然后加以抛光
	余线在旋梭定位钩上,使定位钩与旋梭架凹口间隙减小,面线通过时受阻	清除绕在旋梭定位钩上的余线
	面线前压线器工作失灵,造成面线在较小张力下进行缝纫,无法收紧缝线,大量余线留在缝料下面	将前压线器螺钉松开,调节顶销位置,使顶销移动灵活,压线器松压线可靠
	梭子圆弧面有严重的锈迹或毛刺,使面线通过时受阻	用油石修磨梭子的圆弧面锈迹或毛刺,然后抛光

二、圆头锁眼设备及应用

圆头锁眼设备是一种用于缝制中厚料、厚料的服装纽孔的专用缝纫机。所谓"圆头",是指缝锁的纽孔前端呈圆形,可容纳纽扣与缝料间的缠绕缝线,使服装穿着平服、舒适、大方。而且,圆头纽孔形状美观,线迹均匀结实,尤其是加衬线的圆头纽孔,孔形富于立体感,牢度更高,并有很好的装饰作用。圆头锁眼机生产效率高,适应范围广,是服装生产中重要的专用缝纫设备。圆头锁眼设备一般采用齿轮传动、凸轮挑线、摆动针杆、双弯针双叉针勾线,形成类似于101、401、502的双线包缝复合链锁线迹。通过机构调整,圆头锁眼设备可缝锁出不同类型的圆头纽孔(图9-58)。圆头锁眼机可根据需要采用先切后缝或先缝后切的工艺。

图 9-58 圆头锁眼纽孔缝型

图 9-59 圆头锁眼机

(一)圆头锁眼设备的主要技术规格

常见的圆头锁眼设备有国产 GM1-1 型圆头锁眼机和华南 GY1-1 型圆头锁眼机(图9-59)。进口的有美国胜家 299U×231 型圆头锁眼机,德国杜克普 557 型、558 型圆头锁眼机,日本重机 MEB-1890 型等(表9-22~表9-24)。

表 9-22 GM1 型圆头锁眼机主要技术性能

缝纫速度/(针/min)	针杆行程/mm	压脚提升高度/mm	切块提升高度/mm	纽孔长度/mm	纽孔规格	机针型号	缝线规格	嵌线规格	电动机功率/W
1600	34	8	25	10~38	24×47	GV3(16×231)	中粗丝线	管状或线状	370

表 9-23 GY1 型圆头锁眼机主要技术性能

缝纫速度/(针/min)	针迹密度/mm	摆针宽度/mm	纽孔长度/mm	缝料厚度/mm	针杆行程/mm	挑线杆行程/mm	机针规格	电动机功率W
1400	1~2.1	1.4~3.5	合尾15、20、22，开尾10~38	≤4	34.3	10.85	96×14# 96×16# 96×18#	370

表 9-24   299U 型锁眼机主要性能、技术规格

型号	用途	特征	纽孔长度/mm		纽孔长度（带尾）/mm			纽孔形状
			最小	最大	最小	最大	锥尾	
299U210	稀松织物	先开后锁	15.9	41.3	12.7	31.8 34.9 28.1	9.6 6.4 3.2	(1)直线带尾 (2)直线无尾 (3)圆头带尾 (4)圆头无尾
299U211		先开后锁						
299U230	夹克和外套	先开后锁						
299U231	高级织物（毛呢类）	先开后锁						
299U232		先开后锁						
299U213	雨衣、薄大衣等	先锁后开						
299U123	裤子、罩衫	先锁后开	19.1	25.4	12.7	19.0 21.2	6.4 3.2	
299U123	针织品的直纽孔	先锁后开				19.0 21.2	6.4 3.2	直线带尾
299U123	针织品	先锁后开			12.7	31.8 34.9 38.1	9.6 6.4 3.2	
299U123		先锁后开						
299U123		先开后锁						
299U123		先开后锁						

（三）299U 型圆头锁眼机的应用

圆头锁眼设备是纽孔缝制设备中最复杂的机种，在服装企业中均设专门的操作岗位，要求操作者严格按照使用说明书规定的方法使用，上机前必须通过专业技术考核并持证上岗。

目前，299U 型圆头锁眼机在我国服装企业中应用较多，现以此机型为例，对使用中的问题作简单的介绍。

1. 机针的选用

对不同的缝料，可根据表 9-25 选用不同规格型号的机针。

表 9-25   机针选用

机针型号	适用缝料	机针规格
142×1	一般织物	13#、15#、17#、18#、19#
142×5	一般织物	12#、14#、15#、16#、17#、18#、19#、20#、21#、22#
142×6	卡其类织物	18#、19#、20#、22#
142×8	一般皮革	17#、18#、19#

表中所列机针型号系日钢胜家生产，也可选用日本风琴牌 DO×5 和德国蓝狮牌 142×5 机针或对应尺寸的国产机针。机针选择一般以缝线为准，线应能自由地穿过针孔。

2. 机针的安装

机针装入针杆容针孔后，应顶紧孔底，并使机针浅槽面对操作者（钩线器方向），然后拧紧紧针螺钉。

3. 机针线、弯针线及衬线的选用

缝线的选配以及质量直接关系到纽孔缝锁质量和缝锁能否顺利进行。圆头锁眼机所用直针线和弯针线通常根据面料来选用合适的涤纶线或丝线，其他类似缝线亦可，左、右旋捻向的缝线均可使用。当直针线用丝线时，弯针线应比直针线略粗些，使纽孔线迹平整美观；在用棉线锁孔时，弯针线也应比直针线略硬挺些以便起到支撑作用。衬线的使用可改变纽孔的层次感，增强立体效果，提高纽孔的牢度和美化纽孔，通常选用 0.4～0.8mm 粗的柔软、光滑、捻度较小的棉线，而且以右旋线为好。

4. 穿线

（1）穿直针线（图 9-60）。为有效减轻空气扰动造成张力不稳定现象发生，直针线经过较多的机件后，可将两机件间暴露在空气中的缝线隔短，线头先穿入机后导线杆上穿线孔①，进下穿线孔②，过夹线器③，过线孔④，穿入摆线杆⑤的挑线孔，过线孔⑥，过支线杆孔⑦，过护线钢丝圈⑧，过活动夹线器孔⑨，再过护线钩⑩，用随机带的小穿线器钩住线头，从下而上穿过针杆孔⑪，向下拉出线头，最后从机针孔长槽一侧穿入（即从后向前穿过针孔），拉出约 10cm 长的线头。摆线杆⑤的作用是在缝线张力过大的情况下辅助拉线。

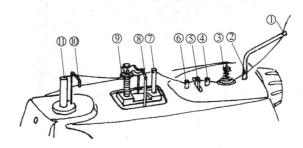

图 9-60　直针线穿线顺序图

①导线杆上穿线孔　②导线杆下穿线孔　③夹线器　④⑥过线孔　⑤摆线杆　⑦支线杆孔
⑧护线钢丝圈　⑨活动夹线器孔　⑩护线钩　⑪针杆孔

（2）穿弯针线（图 9-61）。由前向后用长穿线器穿过机器右侧下面铜管①，钩住弯针线并拉至机前，依次穿过机壳上的过线孔②、钢丝环③，从下部进入夹线器④，再从过线钩⑤上方经过，此时用随机带的短穿线器由上向下穿过弯针推杆⑥的过线孔，钩住线向上拉出，绕过右弯针下面的挂线钩⑦，从下向上从右弯针⑧根部缺口处将线拉入过线孔，再从上向下穿过右弯针⑧中间的小孔，然后由下而上穿过右弯针针尖部的小孔，最后，从下而上再穿过咽喉板⑨上的大针孔，留足约 15cm 线头，并将线头压紧在送布拖板上面的小弹簧片下面。铜管①和弯针推杆⑥的长孔是为有效隔断缝线与空气的接触，减轻空气扰动造成的张力波动。

（3）穿下衬线（图 9-61）。将机器右侧和前侧护板打开，拉开两块大针板，然后用长穿线器经由机器右侧的过线管⑭将下衬线从后向前拉出，再穿入夹线器⑬下面的钢丝圈，过夹线器⑬及上方的钢丝圈，再穿过机壳过线孔⑫、过护钩⑪及弹簧孔⑩，然后从外向里穿过咽喉板⑨的小孔，最后从咽喉板的大孔内将线拉到送料拖板上并留出约 10cm 长的余线。过线

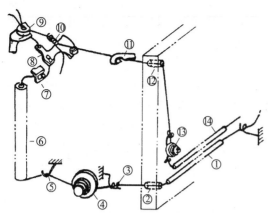

图 9-61　弯针线和衬线穿线顺序图
①铜管　②过线孔　③钢丝环　⑬夹线器　⑤过线钩
⑥弯针推杆　⑦挂线钩　⑧右弯针　⑨咽喉板
⑩弹簧孔　⑪护钩　⑫机壳过线孔　⑭过线管

管⑭的作用和铜管①相同，是为有效减轻张力波动。

5. 299U 型圆头锁眼机的调节

操作设备前应按照服装生产工艺要求，做好相应的调节。

（1）纽孔长度调节。圆头纽孔和直形纽孔的长度以及套结长度，可通过调节提花轮（亦称花样凸轮或式样轮）上的刻度盘实现。将刻度板调至相应位置后，更换相应的切刀和刀垫即可。

图 9-62 为圆头锁眼机的提花轮。调节纽孔长度时，旋松提花轮压板螺丝①，转动提花轮定位盘⑤（缝长刻度盘），使指示板②对准所需的缝制长度，再拧紧提花轮压板螺丝即可。调节套结长度时，可旋松提花轮定位盘垫片螺丝③，转动提花轮定位盘⑤，使定位盘侧面的记号对准提花轮定位盘垫片④（套结长度垫圈）上所需长度，然后拧紧定位盘垫片螺丝③。

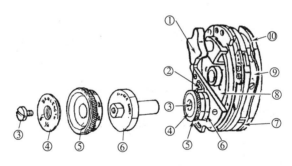

图 9-62　提花轮
①提花轮压板螺丝　②指示板　③提花轮定位盘垫片螺丝　④提花轮定位盘垫片　⑤提花轮定位盘
⑥孔长刻度盘　⑦提花轮凸边（第一边）　⑧提花轮　⑨孔形凸轮块　⑩套结凸轮块（第二边）

缝锁不带套结的圆头或平头纽孔时，必须使用与提花轮定位盘⑤所示尺寸相一致的切刀和刀垫，此时定位盘上的数字代表纽孔长度，即不带套结长度的纽孔总长；缝锁带套结的圆头或直形纽孔时，应使用与孔长刻度盘⑥所示尺寸相一致的切刀和刀垫，因为定位盘上的数字代表纽孔长度和套结的总长度。

（2）纽孔形式调节。根据工艺要求，变更提花轮⑧上的孔形凸轮块⑨及套结凸轮块⑩，并调整提花轮上的孔形导柱位置，可得到四种形式纽孔，即套结圆头纽孔、无套结圆头纽孔、有套结直形纽孔和无套结直形纽孔中的一种，然后按上述要求配上相应的切刀和刀垫。

（3）针迹密度调节。调换针数齿轮或差动齿轮改变针迹密度。

（4）圆头针迹密度调节。圆头部位（或直形纽孔端部）的针迹密度如果不合适，可通过位于机座左侧靠近前端的圆形眼孔数增减键的拉出和推进来调整，当圆键拉出时，针数增多，推进时针数减少。

（5）横列宽度调节。调整机头右侧针摆调节连杆上的调节螺母可以改变横列宽度。旋松螺母将调节连杆移向操作者，横列加宽；反之，后推调节连杆，横列变窄，调节后拧紧螺母即可。

（6）切刀压力调节。切刀压力的大小可通过移动上刀杆后臂下面的楔块调整。顺时针转动楔块上的调节螺钉，可增大压力；反之，则减小压力。切刀压力应调节至刚好使纽孔整齐切割开最好。

（7）压脚压力调节。压脚压力的调整可通过移动压脚杆下面的压力块进行，旋松压力块紧固螺钉，向操作者方向移动压力块，可使压脚压力减小，反之则增大。

（8）绷料松紧调节。缝料的松紧状态会影响锁眼的规整性，所以应根据缝料厚薄不同，需对绷料松紧作适当的调节，可通过调整左右大针板的伸展量进行，即调节位于机器送料拖板下面左侧的伸展解脱杆前端的两个螺钉来实现。

（9）面线、弯针线张力调节。面线、弯针线的张力大小调节可用相应的夹线器调节螺母来控制。缝线张力适当，则纽孔线迹均匀、美观且有较好的牢度。

上述调节有些在缝前进行，有些则需要在试缝中反复调整，试缝满意后方可投入正式生产。

思考题

1. 工业平缝设备由哪些主要控制机构组成？各有何作用？
2. 简述 GC6-1 型高速平缝设备的针距调节原理。
3. 如何正确理解缝纫设备成缝构件之间的配合尺寸要求？请举例说明。
4. 高速包缝设备如何运用差动比解决适料性问题？
5. 高速包缝设备为什么要避免切刀发热退火？
6. 简述包缝设备弯针出线量调节装置的工作原理。
7. 简述链缝设备的性能特点及主要工艺用途。
8. 试述绷缝设备的性能和主要工艺用途。
9. 套结设备可以完成哪些特殊的缝纫作业？
10. 试分析 GJ4-2 型钉扣机的性能和用途。
11. 简述单线链式撬边线迹的形成过程。
12. 试述撬边时进针深度与缝料厚度之间的关系。
13. 试分析 GI8-1A 型平头锁眼机的主要性能和工艺用途。
14. 如何正确操作和使用圆头锁眼设备？
15. 怎样才能缝锁出高质量的圆头纽孔？

第十章
机织服装工艺设计与制作

机织服装以外衣为主，常作为礼服、制服、休闲、日常外衣着装的主要形式，适合在正式场合穿着。下面介绍几种机织面料服装的工艺设计与制作的具体要求。

第一节 男西服马夹的制作工艺

男西服马夹采用款式有许多，常见的款式外形如图10-1所示。

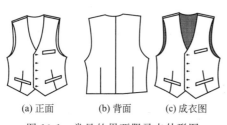

(a) 正面　　　(b) 背面　　　(c) 成衣图

图 10-1　常见的男西服马夹外形图

(a) 正面　　　　　(b) 背面

图 10-2　流行款韩版男西服马夹

图10-2为近年流行的韩版男西服马夹款式之一，其前片采用两种面料拼缝，五粒扣设计；背面采用扣带束腰设计。

一、男西服马夹制版

常见男西服马夹款式的面料选择、工业制版、裁剪、打号等工艺步骤在此部分不再过多赘述（请参见有关服装工业制版教材和资料）。在前期工作完成后，进入服装成衣生产工序。

二、缝制工艺准备

（一）缝制工艺标记检查和完善

检查省位、袋位、扣眼位、摆衩位、下摆贴边宽、腰节部位等处是否打线钉或打剪口，如有缺少的标记，要及时补充完整。

（二）马夹前片黏衬

将黏合衬置于前片面料的反面，对齐边位，用黏合设备黏结实（图10-3）。一般黏合衬布应距面料边缘缩进1～1.2cm，比前片面料略小。黏合后的面料应保持一定的柔软度和硬挺度（软硬适中较好），黏合部位无鼓泡和层间滑移现象。

图 10-3 马夹前片黏合

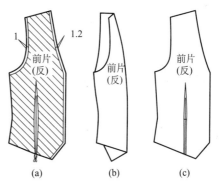

图 10-4 马夹前片省位处理

（三）马夹前片省位处理

如果马夹前片采用一块面料，则需要通过腰省处理使马夹更贴附身体。当然，也可以沿省中线将马夹前片分为两片，分别采用不同的面料，以增强马夹的时尚感，流行的韩版马夹设计就喜欢采用这种工艺处理方式。

1. 开省

在前片反面标明腰省位，沿省中线开剪，从下摆开始剪至距省尖 4cm 处止 ［图 10-4(a)］。

2. 收省

沿省中线（即开剪线）对齐腰省，缉缝腰省。腰省的大小和形状应符合工艺要求，省尖要尖挺 ［图 10-4(b)］。为防止线尾脱散，省尖线尾应保留 3～4cm 线头。

3. 省位熨烫

采用熨烫方式用熨斗整烫省位。腰省量较大时，腰节部位不容易平服，可在腰省缝份上打剪口，消除紧绷现象，省尖处可插入针尖向两边等量熨平 ［图 10-4(c)］。

（四）开袋

1. 开胸袋

（1）黏贴有纺衬。有纺衬的硬挺度较好，在袋片反面黏贴有纺衬。有纺衬的规格应和胸袋面料规格一致 ［图 10-5(a)］。

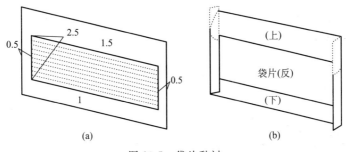

图 10-5 袋片黏衬

（2）扣烫。先把袋片两侧的缝份扣净，再把上方（正面）的缝份向下扣净、扣直。两侧的缝份需要将上面部分剔除一些，使袋角薄而平整 ［图 10-5(b)］。

（3）装上袋布。将上袋布与袋片的上缝份缉合，再翻折袋布，在袋布上压缉 0.1cm 明线，勿需倒针加固 [图 10-6(a)]。

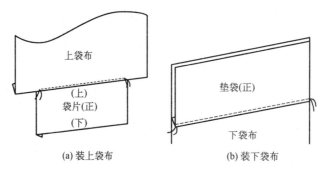

(a) 装上袋布　　　　　　　　(b) 装下袋布

图 10-6　缝制口袋

（4）装下袋布。将垫袋下缝份扣烫 0.5cm 折边，再将其上缝份与下袋布上缘对齐，沿下缝份折边，以 0.1cm 明线缉于下袋布上，勿需倒针加固 [图 10-6(b)]。

（5）缉袋口线。将袋片置于袋口下线，缉缝袋口下线；然后将下袋布的垫袋置于袋口上线，掀起下袋布，缉缝袋口上线，缉缝时，两行缝线要保持平行，间距为 1.2cm，且袋口上线两端各比袋口下线两端缩进 0.2cm（图 10-7）。

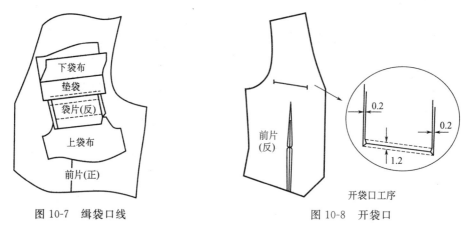

图 10-7　缉袋口线　　　　　　　　　　图 10-8　开袋口

（6）开袋口。在上下两袋口线中间将袋口剪开，两边剩余 0.8cm 剪三角位，并将袋布翻到衣片反面（图 10-8）。

（7）固定袋口止口。先将下袋布放平，将垫袋与前衣身止口劈缝，置于下袋布上，沿劈缝线缉两条 0.1cm 的明线固定袋口线。再把袋片下缝份与前衣身止口劈缝，将前衣身止口和上袋布用暗线缉缝（图 10-9）。

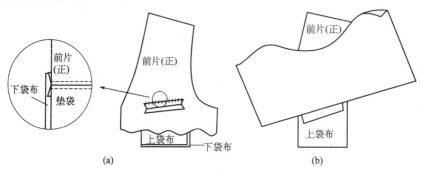

图 10-9　固定袋口止口

（8）封袋布。将前片掀起，以 1cm 止口缉缝袋布三边，缉缝时止口要均匀，头尾倒针加固（图 10-10）。

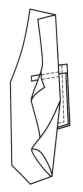

图 10-10 缝袋布底边

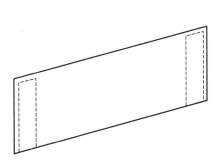

图 10-11 缉袋角

（9）缉袋角。将袋片放平，袋角的三角位毛边也要摆平避免外露，用 0.1cm 和 0.6cm 明线缝"门"字形袋片边位。缉缝时要封住三角位毛边，且保持袋片平服（图 10-11）。

2. 开大袋

开大袋方法和开胸袋方法相同。左右两边大袋位置要对称，规格要一致。大袋与其上方的胸袋，其前袋角最好对齐于同一条垂直线上。

（五）做前身夹里

1. 收省

缉省，再用熨斗做倒缝烫，倒向侧缝。

2. 合过面

过面与夹里正面相对，按 1cm 缝份合缉，距下摆贴边 2cm 处为止。

（六）装前身夹里

1. 敷牵条

按净样画出前片的止口、下摆线、袖窿线，用 1cm 宽直纱牵条从上至下贴烫于止口及下摆的净线内 0.1cm 处，其松紧程度应分段掌握，领口和尖角两端牵条略紧些，其余部位应平服。袖窿边缘可敷斜纱牵条，同样要沿净线内 0.1cm 处烫贴牢固，袖窿牵条应略紧些（图 10-12）。

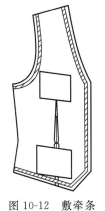

图 10-12 敷牵条

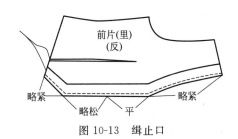

前片(里)
(反)

略紧　　　　　　　　　　略紧
略松　　平

图 10-13 缉止口

2. 缉止口

先将过面与前片正面相对，对齐止口用手针固定，再将大身置于上层，沿止口线缉缝。过面吃势如图10-13所示。

3. 烫止口

把止口缝份修剪成梯形，面留0.5cm，过面留0.8cm，下摆下角处只留0.2cm缝份以减少厚度。然后将所有缝份向前片扣烫，且扳进0.1cm，烫实、烫薄。然后翻出正面烫止口，面吐出0.1cm。最后将下摆贴边扣烫实，里子贴边1cm处扣烫好。

4. 净夹里

按照面料修剪夹里，袖窿处比面料小0.3cm，肩缝与侧缝处与面料相同（图10-14）。

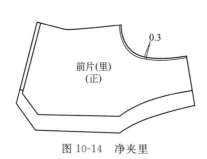

图10-14　净夹里　　　　　　　图10-15　缉摆衩

5. 缉下摆

将下摆贴边与夹里缉合。

6. 缉摆衩

在侧缝处以前片下摆净线为对称线，对齐面、里料，按1cm缝份合缉3.5cm长，并横向缉住缝份，再从45°角方向斜向上打一剪口（图10-15）。

7. 固定止口、下摆缝份

把止口及下摆缝份用三角针法固定于有纺衬及面料上，线迹不可透过面料。其中止口缝份自肩缝以下7cm范围内不加以固定，再将衣身翻到正面（图10-16）。

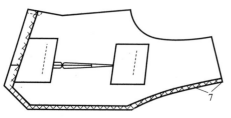

图10-16　固定止口、下摆缝份

（七）后背工艺处理

1. 合背缝

分别将面料与夹里的对应后片正面相对，对齐后中缝，止口缉缝1cm。

2. 收省

分别将面料和夹里的腰省缉缝，其省位和大小要统一。

3. 整烫后身

面料、夹里的腰省缝应全部倒向缝份，烫倒熨平。面层、夹里的后中缝如图10-17进行熨烫，其倒缝方向刚好相反。同时里层的后中缝应留出0.5cm的松量，而面料的后中缝不留余量。

4. 合下摆及摆衩

将后片面料与里布正面相对，对齐底边，合缉下摆并缉摆衩，之后再翻烫，下摆面吐出0.1cm（图10-18）。

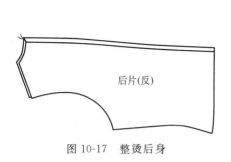

图 10-17　整烫后身

图 10-18　合下摆及摆衩

5. 净夹里

依据面料层修剪夹里，袖窿处比面料层小 0.3cm，侧缝、肩、领口均与面料层相同。

6. 上领口条

将后领口条对折烫好，自折线侧归烫，将直领烫弯。然后把归拔好的后领分别与面和里的领窝合绉，缝份取 1cm，并将缝份打剪口，扣烫倒向里料一侧（图 10-19）。

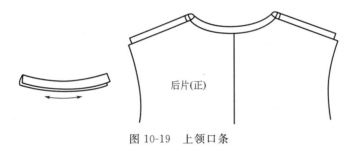

图 10-19　上领口条

（八）合肩缝

将前后片的肩部摊开，正面相对，合绉肩缝。注意后领口条宽度中点要与前止口点对正。在图中"▲"部位打剪口。烫肩缝时两个剪口之间劈缝烫，其余缝份均向后片烫倒（图 10-20）。

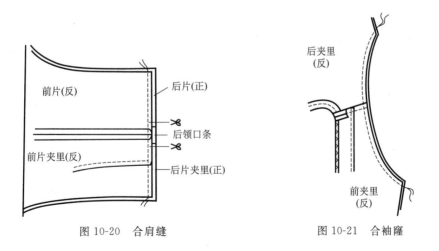

图 10-20　合肩缝　　　　　　　　　图 10-21　合袖窿

（九）合袖窿

将袖窿处面料、里布对齐，合绉袖窿，绉缝线迹要圆顺。之后在前后袖窿下半部分均匀打剪口，再将袖窿缝份向面层扳进 0.1cm 扣烫，用十字花绷法将前片袖窿的缝份固定于有纺衬上。翻出正面袖窿后，面要吐出 0.1cm，然后将袖窿止口烫实（图 10-21）。

（十）装腰带

如果马夹后片收省量较小或不做收省设计，可增加腰带束腰设计。

1. 做腰带

后腰带为两根，左侧稍长并做宝剑头，右侧腰带装腰带扣。车缝之后，分缝烫平，翻出正面（图 10-22）。

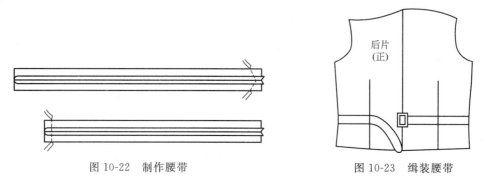

图 10-22　制作腰带　　　　　　　　　　图 10-23　绱装腰带

2. 装腰带

将腰带绱装在后背面的腰节部位，上下均匀压绱一条 0.1cm 明线，到省缝处为止（图 10-23）。

（十一）合侧缝

将后背翻到反面，把前片侧缝塞入后片侧缝中并使四层侧缝对齐、对准，合绱缝份 1cm。左侧缝只绱合上下两端，在中部 10cm 长度内将后身夹里掀开绱缝三层缝份，留出翻身开口（图 10-24）。

图 10-24　合侧缝

（十二）锁钉

1. 做手针

使用与面料和里料同色的缝纫线，将过面下端和侧缝处开口用手针缲牢。

2. 锁眼

以均匀间距在左边门襟距门襟边 1cm 处锁横眼 5 个（也可锁 4 个）。

3. 钉扣

在右侧门襟确定扣位中心线，并沿线上与左侧门襟锁眼对应位置钉扣 5 粒。钉扣位置以开合自然平服为宜。

（十三）整烫

去除标记线钉等多余物，将止口熨烫平薄，再整烫前身、后身、里身至平服后定型。

（十四）西服马夹成品质量检验

（1）各部位规格正确，部件位置合理；缝线顺直，缝份均匀；归拔适当，贴合身体。

（2）开袋规整，袋口松紧适当，袋片左右对称、宽窄一致，条格对位准确。

（3）胸部饱满，条格顺直，止口不绞不豁；背部平挺，背缝顺直；摆衩高低一致。

（4）肩头平服，丝绺顺直，袖窿松紧有致，左右对称。

（5）各部位熨烫平服，整洁美观。

第二节 男士衬衫制作工艺

男士衬衫因为穿着场合和穿衣搭配的不同，在基本款式大致相同的情况下，局部细节设计有许多区别。按用途的不同，男士衬衫大致分为礼服衬衫、经典衬衫和休闲衬衫；按领型的不同，男士衬衫又分为立领衬衫、翼领衬衫、企领衬衫、驳领衬衫等；按袖子长短的不同，男士衬衫可分为长袖和短袖两大类。

一、男士衬衫的裁片数量及辅料要求

表10-1为男士衬衫通常情况下的裁片数量及辅料工艺要求。

表 10-1　一般情况下男士衬衫裁片数量及辅料工艺要求

编号	部件名称	裁片数量/个	用料及要求
1	前衣片	2	对称两片,挂面可利用布边
2	后衣片	1	背中连折
3	过肩	2	直丝下料
4	袖片	2	两片对称
5	翻领	2	直料,领面、领里各1
6	底领	2	直料,领面、领里各1
7	胸袋	1	可根据款式要求取舍
8	袖克夫	4	直料,面、里料各2
9	大小袖衩	各2	也可用直袖衩
10	翻领衬	2	毛、净各1,黏合衬,斜料或按面料定
11	底领衬	2	净衬,直丝黏合衬,或根据面料选定
12	克夫衬	2	直丝黏合衬,或按款式要求
13	门襟衬	1	净衬,直丝黏合衬,或按面料定

表10-2为男士衬衫成品主要部位缩水率指标。

表 10-2　男士衬衫成品主要部位缩水率指标　　　　　　单位：%

部位名称	优质	一级	合格
领围	<1.0	1.0≤缩水<1.5	1.5
胸围	<1.5	1.5≤缩水<2.0	2.0
衣长	<1.0	1.0≤缩水<1.5	1.5

表10-3为男士衬衫成品各部位纬斜允许程度规定。

表 10-3　男士衬衫成品允许纬斜规定

原料名称	色织		印染		素色		
部位名称	前身	后身	前身	后身	前身	后身	袖子
工艺要求	不允许倒翘,顺翘不超过3%	允许3%	不允许倒翘,顺翘不超过3%	允许3%	不允许倒翘,顺翘不超过3%	允许2%	允许3%

表 10-4 为男士衬衫采用条格面料时的对条对格要求。

表 10-4　男士衬衫对条对格标准

序号	部位名称	对条对格要求	备注
1	左右前片	条料顺直,格料对横,误差小于 0.3cm	格子大小不同时,以前身 1/3 上部为主
2	袋与前身	条料顺直,格料对横,误差不大于 0.3cm	格子大小不同时,以前袋部的中心为准
3	斜料双袋	左右对称,误差小于 0.5cm	以明显条为主(阴阳条例外)
4	左右领尖	条格对称,误差小于 0.3cm	以明显条、阴阳条格为主
5	袖克夫	左右袖克夫条格以直料对称,误差小于 0.3cm	以明显条为主
6	肩覆势	条料顺直,两肩头对比,误差小于 0.4cm	
7	长袖	格料袖以袖山头为准,两袖对准,误差小于 1cm	3cm 以下格料可不对格 1.5cm 以下条料可不对条
8	短袖	格料以袖口为准,两袖对称,误差小于 0.5cm	3cm 以下格料可不对横 1.5cm 以下条料可不对条

注：1. 倒顺格原料,全身顺向必须一致。

　　2. 特殊图案原料,以主图为主,全身向上一致。

　　3. 以上标准如与工艺要求不一致时,以工艺要求为准。

二、男士衬衫的缝制工艺流程

男士衬衫在工业化生产时,可将缝制工艺流程分为前身工段、后身工段、领子工段、袖子工段、绱袖工段、整合工段和后道工段这七个工段,以确保产品质量和生产效率。

（1）前身工段工艺流程。烫门襟→卷里襟→修片→烫袋口→切袋口线→烫袋→钉袋。

（2）后身工段工艺流程。拉覆势→覆切势止口→烫覆势→剪覆势→钉商标→拷肩头。

（3）领子工段工艺流程。上领粘衬→割上领→翻领角定型→切上领止口→修上领下口→上领下口切线；粘下领→割下领→切下盘虚线。

（4）袖子工段工艺流程。折烫袖衩→绱袖衩→粘烫克夫→切克夫虚线→割克夫→翻烫克夫→切克夫止口。

（5）绱袖工段工艺流程。绱袖→压袖窿明线→双针（拷包）摆缝。

（6）整合工段工艺流程。上领工段、下领工段→三夹领→翻烫下领→切领中线→点三眼→拉驳上领、袖子工段→绱袖克夫→卷下摆→打眼→点位→钉纽→修线头→半成品检验。

（7）后道工段工艺流程。圆压领→整烫→折叠包装→小包装→大包装。

三、男士衬衫部分工艺图示

1. 拷肩头工艺

拷肩头时,暗驳拉缝 0.8cm,切明止口 0.1cm,夹里止口不能大于 0.2cm,拉缝大小一致,领圈丝缕不能拉还,特殊要求按工艺执行（图 10-25）。

2. 割上领

割上领时,夹里不能偏斜,松紧适宜。在距领角 5cm 处,夹里应略拉紧一点,以防过松。切割时,按主衬铅笔线切割,两边领角线各切出一针（图 10-26）。

3. 翻领角定型

使用翻领定型机进行翻领角定型（图 10-27）。

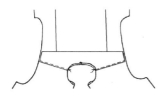

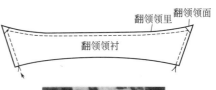

图 10-25 拷肩头

图 10-26 割上领

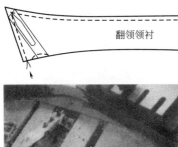

图 10-27 翻领角定型

图 10-28 修上领下口

4. 修上领下口

切上领下口时，保持切领机刀口锋利，领尖长短按工艺要求制作，并保证两领尖长短对称一致（图 10-28）。

5. 绱袖

双针绱袖时，吃势要均匀，袖山处不能起皱，袖窿要圆顺平服，前后一致，内缝均匀不毛出（图 10-29）。

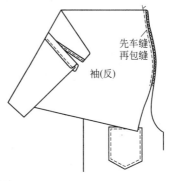

图 10-29 绱袖

6. 压袖窿明线

袖窿明止口 0.8cm，线迹平直流畅，圆顺不起皱，不能有坐缝或露线（图 10-30）。

图 10-30　压袖窿明线

7. 双针（拷包）摆缝

使用双针摆缝机时，线迹要顺直，袖底十字缝对齐，底面线松紧适宜，不浮线、不跳针，拷边时线头不超过 0.2cm（图 10-31）。

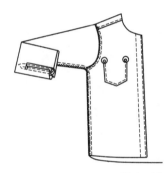
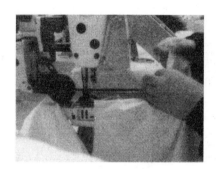

图 10-31　双针（拷包）摆缝

8. 三夹领

图 10-32 为平缝三夹领，制作要求如下。

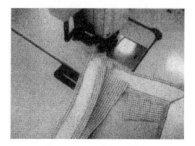

图 10-32　平缝三夹领

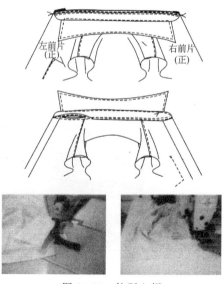

图 10-33　拉驳上领

（1）先核对上下领批号、包号和规格。

（2）必须对齐三层领片，上下层松紧适宜，下盘头圆顺，长短宽窄一致，夹缝隙 0.6cm。

（3）夹缝时切线离下领衬 0.1cm，线迹顺直，起落手打好回针。

9. 拉驳上领

拉领 0.6cm，缝头大小一致，前领圈丝缕不能拉还，后领圈中心拉紧不起皱，吃势均匀。三眼对齐，起落回针不应过长，驳领止口 0.1cm，驳领两头平直不带帽、不反吐。切线与领中心线接齐 5.0cm 处，驳领反面不能大于 0.2cm，尺码标在下领中心偏左 3.0cm 处，驳领时塞入（图 10-33）。

10. 绱克夫

绱克夫时，袖口缝上进 0.8cm，克夫上口 0.1cm，反面不能大于 0.2cm，袖衩长度一致，袖口不带帽，针迹平整，封口回针清晰，牢固，两袖之间大小进出一致（图 10-34）。

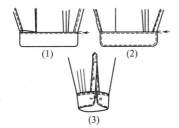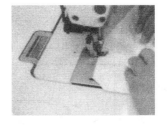

图 10-34　绱克夫

11. 卷下摆

卷下摆宽 1.0cm（圆下摆宽 0.48cm），宽窄一致，卷边顺直不起链。贴边两横平直不反吐，起落回针牢固，针迹平整不起皱，里襟比门襟长 0.2cm，中间无接线（图 10-35）。

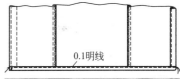

0.1明线

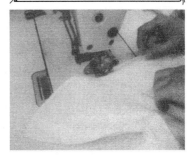

12. 圆压领

使用圆领机压领时，需注意以下问题（图 10-36）。

（1）上下领机模内不允许有线头或杂物。

（2）压领温度范围为 130～160℃。

（3）拿刚压好的领子时避免留下指印。

（4）领型左右圆顺、对称，上领折转 0.3～0.4cm 时，不外露底领。

图 10-35　卷下摆

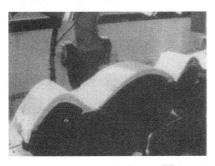

图 10-36　圆领机压领

13.整烫

男士衬衫在进行整烫时，门里襟、袋、下摆反面要先定型，袖衩长度不能超过袖长的一半；各部位应整烫平服、不起皱，深色面料无极光；条子要顺直，袖底坐缝不能大于0.2cm，无线头、无污渍、无死裥（图10-37）。

图10-37　男衬衫整烫

14.折叠包装

图10-38为男士衬衫折叠包装示意及效果图。

图10-38　男士衬衫折叠包装

第三节　长袖女士衬衫的制作工艺

女士衬衫分许多种类，以下就长袖女士衬衫的制作工艺作一介绍。

一、长袖女士衬衫款式特征

长袖女士衬衫款式外观合体，下收胸省，尖角翻领，略收腰；袖口收细褶，垫布式袖衩，方角窄袖头（图10-39）。

二、长袖女士衬衫工业制版与裁剪

长袖女士衬衫的工业制版过程、排料及裁剪请参考相关的制版图书及资料，在此不再赘述。

三、长袖女士衬衫的缝制工艺

图10-39　长袖女衬衫款式图

长袖女士衬衫的缝制工艺流程是，准备工作（定省位、粘衬)→缉省道、缉过面→合肩缝→做领、绱领→做袖开衩、绱袖→合摆缝及袖底缝→做袖头、绱袖头→收底边→锁扣眼、钉纽扣→整烫。

四、长袖女士衬衫成品外观质量要求

(一) 领子

领圈不皱，面里衬松紧适宜，领角顺服，长短一致，互差不大于0.3cm，两肩缝对齐，领子折转时左右互差不大于0.3cm。

(二) 门襟止口

门襟止口平挺、顺直不外露，左右长短一致，互差不大于0.3cm。

(三) 胸部

胸省顺直，省尖圆润，胸省高低前后一致，互差不大于0.3cm，省缝不起链形。

(四) 背部

背部平服，丝缕正，长短一致，互差不大于0.3cm。

(五) 肩缝

肩缝顺直，吃势均匀，左右宽窄一致，互差不大于0.3cm。

(六) 袖子

袖山圆顺，左右一致，前后适宜，互差不大于1.5cm；袖克夫长短互差不大于0.3cm。

(七) 整烫

整烫部位平顺，无极光、水花、油渍、粉印、线头等；领型左右一致，折叠端正、平挺。

思考题

1. 男西服马夹的制作工艺有何特点？
2. 男士衬衫的制作工艺有何特点？
3. 女士长袖衬衫的制作工艺有何特点？
4. 简述男西装、女裤、夹克、裙装等的工艺制作方法及步骤。

第十一章

针织服装工艺设计与制作

针织服装加工工艺与机织服装加工工艺相比较，无论是工艺设计，还是选用设备以及产品整烫均有较大差别。常见的针织服装有内衣、T恤、文化衫、运动服、羊毛衫等。

第一节 针织面料生产及运动服装设计制作

一、针织服装生产工艺流程

针织服装生产工艺流程是，原料检验→准备工序→编织工序→成衣工序→成品检验→包装入库。

（一）原料检验

在正式生产开始之前，必须对原料的标定线密度、条干均匀度、卷装质量、回潮率、色牢度等进行检验。

（二）准备工序

准备工序的目的主要是络纱或整经。纬编准备工序需要把绞纱通过络纱卷绕成筒装形式，或把卷装不良的筒子重新进行络纱和卷装，以使纱线张力稳定适应生产中纱线退绕的要求；同时清除掉毛纱表面的疵点和杂质；然后对毛纱进行蜡处理使之柔软光滑，根据工艺要求对毛纱进行加捻、并股处理以提高毛纱牢度和增加毛织物厚度。络纱时应尽量保持毛纱的弹性和延伸性，要求张力均匀，退绕顺利。经编准备工序主要是把合成化纤长丝按编织工艺设计要求卷绕成生产所用的经轴以备生产时使用。

（三）编织工序

纬编针织面料通常采用圆机或横机来加工或直接编织成形衣片；经编针织面料通常采用提花范围大的单面或双面经编设备来加工。

（四）成衣工序

成衣工序的一般工艺流程是，面料裁剪→缝纫拼片→半成品检验→缩绒→锁眼钉扣→熨烫定型→成衣检验。

（五）成品检验

成品检验是服装出厂前的综合检验，包括复测、整理、分等三个专门工序，具体检查内容有外观质量（外观疵点、尺寸公差等）审核、物理指标（单件重量、针圈密度）测试、内外包装材料检查（产品分等、内外分装和标注等）等。

（六）针织服装的应用

针织服装在家用、内衣、休闲、运动服装方面具有独特的优势。

二、羽毛球运动服装工艺设计与制作

（一）款式设计

图 11-1 为专业羽毛球女式运动服款式图。上衣略收腰身，罗纹翻领配半开门襟，肩和后背有分割处理；下身为超短裙，裙前面两侧各设一个活褶，裙摆的提高可有效减少运动时腿部的阻力。此款式采用分割工艺将衣片分为若干份，肩、后背中、门襟、袖子、裙子采用红色或蓝色或粉红色面料，前片和后背两侧则用白色面料，使服装的整体运动感强烈，充满了青春活力和女性柔美的气息。

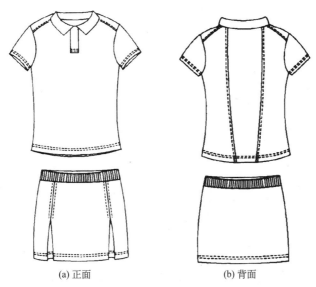

(a) 正面　　　　　　　　　　(b) 背面

图 11-1　女式羽毛球运动服

（二）面料选用

此款运动服装的面料可选用吸湿排汗能力强的针织布，如采用吸湿排汗原料的涤棉网眼针织布、弹力网眼布、双面蜂窝布、条纹布等（图 11-2，表 11-1）。

正面　　　　　　　　反面　　　　　　　正面　　　　　　　　反面

(a) 涤棉网眼布　　　　　　　　　(b) 吸湿排汗条纹布

图 11-2　常用的专业运动服装面料

表 11-1　常用运动服装面料的规格参数

面料品名	门幅/cm	克重/(g/m²)	原料混比/%	备注
涤棉网眼布	226	148	T22.2/C77.8	
弹力网眼布	165	169	T92/OP8	
双面蜂窝布	177	168	PTT100	
氨纶菠萝布	168	191	T94/OP6	
凉爽丝双面小提花布	157	151	T100(凉爽丝47)	

（三）结构制板

1. 上衣

（1）成品规格（160/84A），见表 11-2

表 11-2　运动服成品规格　　　　单位：cm

服装部位	胸围	衣长	肩宽
尺寸规格	90	58	38

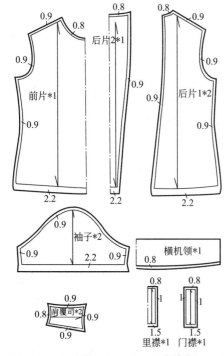

图 11-3　上衣放缝后板型（尺寸单位：cm）

（2）结构制图及说明。

① 前后衣片制图（略）。

② 肩覆势。即与肩势贴合的过肩。把以上衣片制图中的前后片按肩线合并，检查前后领圈和前后袖窿弧线是否圆顺，待圆顺后按分割要求画出肩覆势。

③ 领子。采用横机编织领。在专用横机上根据领子的长度和宽度要求编织出长方形的织物。由于外口线的延伸性能符合翻领的造型要求，结构上仍属直角结构。一般不需要裁剪，只需在缝合时在领口处做些调整。领子宽度为前后领圈相加再减去 0.5cm，减去的 0.5cm 为横机领的延伸量。

④ 门里襟。此处里襟比门襟要宽 0.3cm。

⑤ 袖片制图（略）。

（3）放缝后板型（图 11-3）。

2. 裙

（1）成品规格（160/68A），见表 11-3。

表 11-3　裙成品规格　　　　单位：cm

服装部位	裙长	腰围(面料)	腰围(松紧带)	臀围
尺寸规格	36	72	65.5	94

松紧带的围度一般在紧腰围的基础上减去一定的量，此处减去 2.5cm。

（2）制板。

前后裙片制图（略）。

（3）放缝后版型（图11-4）。

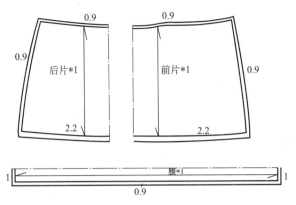

图 11-4　裙放缝后版型（尺寸单位：cm）

（四）工艺说明

1. 上衣

（1）上领子。横机领，领口弧线按版型要求，采用五线包缝，后领圈做配色布滚条。

（2）半开门襟制作。平缝车缉口，门里襟按工艺要求粘衬，正面压0.1cm明线。锁眼钉扣，第一个扣子为横向，第二粒扣子为竖向。

（3）后片缝制。后片相拼合，采用五线包缝，往两侧烫倒，正面用单针双线链缝车缉0.1cm止口明线。

（4）肩覆势缝制。分别与前后肩缝拼合，五线包缝，缝头倒向肩覆势，正面用单针双线链缝车缉0.1cm止口明线。

（5）绱袖。袖山弧线与袖窿弧线拼合，五线包缝，并用单针双线链缝设备（双线链式线迹）进行加固。

（6）侧缝处理。拼合前后衣片侧缝与袖侧缝，袖窿缝倒向前后衣片，采用五线包缝。

（7）下摆缝制。衣服下摆和袖摆反折2.2cm，正面绷缝机（双针三线）压双针。

2. 裙

（1）腰部处理。腰面和腰里连成一体，腰里加松紧带。先缝合腰身和松紧带的两侧，腰面和腰里的缝头与腰身三层一起车缉，四线包缝，再用单针双线链缝设备（双线链式线迹）车缉一圈进行加固。

（2）前片缝制。前片左右各有一个对合褶裥，褶裥收口位置（见纸样）用双线链式线迹车缉，正面压明线。

（3）侧缝处理。采用五线包缝线迹进行前后裙片侧缝缝合。

（4）裙摆缝制。将裙摆反折2.2cm，正面用绷缝机（双针三线）压双针。

第二节　针织童装工艺制作实践

由于儿童活动量大，身体发育快，所以童装工艺设计所要考虑的因素很多。以下介绍童装的两种工艺设计和制作。

一、编织类童装

编织类童装是比较适合儿童着装特点的，因为其面料的柔软和弹性空间大，比较符合儿童活动量大的要求（图 11-5）。

款一   款二

图 11-5 童装拟编织设计款式

（一）披风编织工艺

1. 原料选择

采用棒针编织方法编织，使用毛线种类见表 11-4，图 11-6 所示为毛线实物图片。

表 11-4 披风棒针编织用毛线

种类	数量	单位
白色毛线	若干	g
发光毛线	1	卷
结子彩线	1	卷

2. 选用工具

环针、棒针、卷尺、剪刀、硬纸片、1.9 号钩针等物品。

3. 编织工艺流程

编织衣身→编织下摆和门襟→编织下摆和门襟的花边→编织领子→编织领子花边→做装饰性毛球。

4. 衣身编织针法（图 11-7）

（1）用白色毛线和发光线合起来起头六十针平针（起针编织）。

（2）连续编织六行正针之后，每三针正针加一针正针编织一行。

（3）连续编织六行正针之后，每四针正针加一针正针编织一行。

（4）连续编织六行正针之后，每五针正针加一针正针编织一行。

（5）连续编织六行正针之后，每六针正针加一针正针编织一行。

（6）连续编织八行正针之后，每七针正针加一针正针编织一行。

（7）连续编织八行正针之后，每八针正针加一针正针编织一行。

（8）连续编织十行正针之后，每九针正针加一针正针编织一行。

（9）连续编织十行正针之后，每十针正针加一针正针编织一行。

（10）一直织上针，直至衣身长度至 36cm 左右止，如图 11-8 所示。

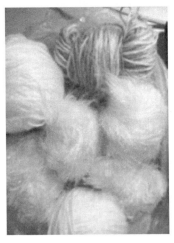

图 11-6 披风用毛线实物图

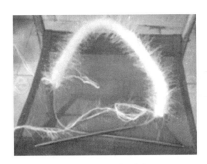

图 11-7 起针编织

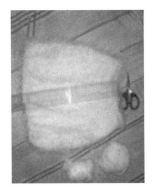

图 11-8 衣身长度

5. 下摆和门襟编织

把前边门襟和下摆一起串在环针上，然后开始编织。门襟处每三针正针添加一针平针，在门襟和下摆接口处编三针，每织一针正针加一针正针（此处加针是为了形成圆弧形），下摆处正常织正针，不加针。然后连续编织四行平针。

6. 花边装饰编织

将白线换成结子彩线，在下摆及门襟部位编织一行反针［图 11-9(a)］。这一行反针的织法有些特殊，编织时织一针反针绕两下线，相当于增加一针反针编织一针反针。然后，正面挑三针编织三针，这三针分别是反针、正针、反针。接着，再把结子彩线换成白线编织一行反针，编织五行平针，最后收边［图 11-9(b)］。

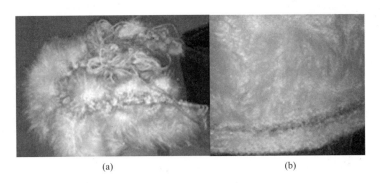

(a)   (b)

图 11-9 编织花边装饰

7. 领子编织

将起头的 60 针串起来，开始编织正针（图 11-10），编织到 8.5cm 左右为止。然后在两个领角处各收针三针。这三针不是在一行中连续收三针，而是隔行收针。针法如下：第一行两个角各收一针，第二行不收针，正常编织；第三行两个角各收一针，第四行不收针，正常编织；第五行两个角各收一针。这样两个领角处收三针的工作才算完成。然后把两边领子的线圈串在环针上，在领子拐角处织三针，编织一针增加一针（目的是为了形成圆弧），最后，编织两行平针完成。

图 11-10　编织领子

(a)　　　　　　　　　　(b)

图 11-11　编织领子花边

8. 领子花边编织

在领口部位把白线换成结子彩线，编织一行反针［图11-11(a)］。这一行反针的织法比较特别，编织时织一针反针绕两下线，相当于增加一针反针编织一针反针。然后，正面挑三针编织三针，这三针分别是反针、正针、反针。然后，再把结子彩线换成白线编织一行反针，五行平针，最后收边完成［图11-11(b)］。

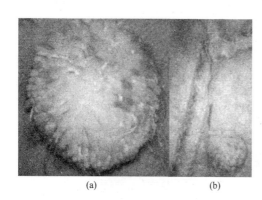

(a)　　　　　　　(b)

图 11-12　装饰毛球

9. 制作装饰性毛球

毛球的制作方法比较简单，其大小和规格可以根据自己喜欢的方式制作，只要成形良好，球羽蓬松就好。小球做好后，从前门襟处勾出两个小辫，约 20cm 左右，然后把小球和勾出的小辫固定即可（图 11-12）。

（二）短裙编织工艺

1. 原料准备

针织短裙棒针编织所用毛线见表 11-5，图 11-13 为短裙棒针编织用毛线实物图。

表 11-5　针织短裙棒针编织用毛线

种类	数量	单位
粉色毛线	若干	g
粉色发光毛线	1	卷

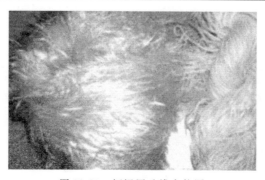

图 11-13　短裙用毛线实物图

2. 工具准备

棒针、直尺、剪刀、1.9号钩针、手针、缝纫线、松紧带等物品。

3. 短裙编织工艺流程

编织裙子腰头→编织裙子腰头罗纹→编织裙身→钩编裙摆花边→上穿松紧带。

4. 裙子腰头的编织

（1）起针100针。

（2）连续编织三行正针［图11-14(a)］。

（3）第五行针法是合两针增加一针。

（4）连续编织三行正针。

（5）把起头的100针和现有的针合起来编织一行正针，形成花边用于穿松紧带［图11-14(b)］。

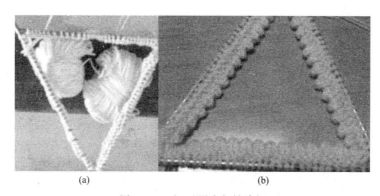

(a)   (b)

图11-14 裙子腰头起针编织

5. 裙子腰头罗纹的编织

两针反针两针正针连续编织7～8cm，形成腰头罗纹（图11-15）。

图11-15 腰头罗纹编织

图11-16 两种毛线合线编织

6. 裙身的编织

（1）把粉色毛线和粉色发光毛线合起来进行正针编织（图11-16）。

（2）连续编织7cm左右正针之后，每五针正针加一针正针编织一行（图11-17）。

（3）连续编织7cm左右正针之后，每六针正针加一针正针编织一行。

（4）连续编织7cm左右正针之后，每七针正针加一针正针编织一行。

（5）连续编织7cm左右正针之后，每八针正针加一针正针编织一行。

（6）连续编织7cm左右正针之后，每九针正针加一针正针编织一行。

（7）连续编织 7cm 左右正针之后，每十针正针加一针正针编织一行。

（8）编织 10cm 左右正针之后合针完成裙身（图 11-18）。

 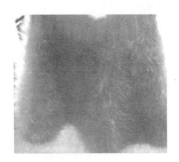

图 11-17　编织裙身　　　　　　　　　图 11-18　裙身收针

7. 钩编裙摆花边

利用钩针和毛线编织小辫，钩编的第一行小辫每 2.5cm 左右形成圆弧状和裙身钩编在一起（图 11-19）；钩编的第二行小辫每 2.5cm 左右形成圆弧状和钩编的第一行小辫钩编在一起；钩编的第三行小辫每 2.5cm 左右形成圆弧状和钩编的第二行小辫钩编在一起（图 11-20）；钩编的第四行小辫每 2.5cm 左右形成圆弧状和钩编的第三行小辫钩编在一起，最后收针完成。

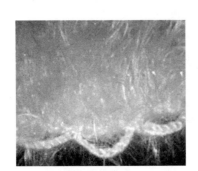 

图 11-19　钩编毛线小辫　　　　　　　图 11-20　钩编链接装饰

8. 装松紧带

将宽度为 1.5cm 左右的松紧带上穿在腰头部位所编织成的花边里。

（三）成品展示（图 11-21）

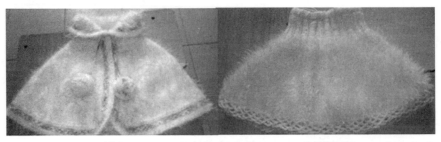

(a) 编织披风　　　　　　　　　　(b) 编织短裙

图 11-21　成品展示（梁艳）

二、缝制类童装

缝制类童装是采用比较常见的童装类别（图11-22）。

款一　　　　　　　　款二　　　　　　　　款三

图 11-22　童装款式设计图稿

（一）面辅料准备

此系列童装为学龄前女童量身定制的款式，结合这一群体的着装特点，选用纯棉的针织布料为基本面辅料，配以花边、烫片等附件加以装饰，以增强童趣。

（二）选用设备及工具

根据针织面料的特点，选用绷缝设备、包缝设备以及打板尺、三角尺、圆规、剪刀、裁纸刀、制图铅笔、牛皮纸、缝纫针、大头针等工具作为辅助。

（三）童装制作基本工艺流程

童装款式设计→工业制板→面辅料准备→排板和裁剪→缝制→整烫→装饰→成衣包装。

（四）童装工业制版

图11-23为图11-22童装设计款式板样。

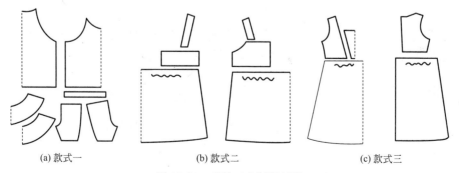

(a) 款式一　　　　　　(b) 款式二　　　　　　(c) 款式三

图 11-23　童装工业制版板样

由于针织面料具有易脱散的特性，在衣片缝合之前，要用包缝设备对衣片进行包边处理（图11-24）。穿着对象的活动量较大，为增强服装的耐用性，用双针三线绷缝线迹缝合较好，必要的话可用链缝设备对受力较大部位进行加固处理。具体缝制工艺不再赘述。

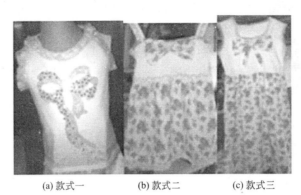

(a) 款式一 (b) 款式二 (c) 款式三

图 11-24 成品展示（梁艳）

第三节 文化衫制作工艺实践

一、文化衫创意设计思路

文化衫是消费人群分布最广泛的一类服装产品，男女老少皆宜，深受消费者喜爱。文化衫设计的重点在于文化焦点的创意把握上。

二、目标消费人群的选择

年年毕业季相似，年年分别各不同。对即将离校的莘莘学子而言，大学美好的时光曾留下许多难忘的回忆。文化衫不仅可以是一般的物品、产品或商品，也可以是寄托情感的纪念品，播撒友情的艺术品，期许未来的珍藏品。因此，校园文化衫的设计与制作有着巨大的市场消费潜力。

三、校园文化衫设计方案

1. 设计主题

以难忘的回忆为主题，容易让人想起大学期间令人感慨的点点滴滴，触动消费者内心深处对学生时代的无限眷恋。

2. 面料选择

文化衫采用单面精梳高支丝光棉汗布，穿着更舒适，不易变形，品质上乘，印制图案、文字等内容时可以更精细清晰。

3. 面料颜色

以黑、白、黄、蓝、红为基本色，辅以特殊需要的颜色。目的是为了让人容易产生稳重、阳光、博大、热情等符合年轻人特质的联想和感受。

4. 文化衫款式

普通款为圆领短袖文化衫。特定款可根据需要设计领型、袖子等局部，也可以进行面料分割或拼接。

5. 文化衫内涵设计

以符号性的语言，诠释大学生活和学习的难忘瞬间，唤醒毕业生的团队意识，激发学子们协作创新的精神。

6. 工艺方法的运用

文化衫工艺设计方法很多，如喷墨印花、热转移印花、刺绣、手绘、烫钻贴亮片等。这些工艺方法可结合文化衫展示的内涵加以运用（图11-25）。

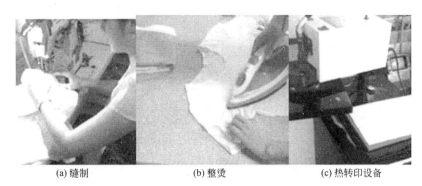

(a) 缝制　　　　　　　(b) 整烫　　　　　　　(c) 热转印设备

图 11-25　校园文化衫制作过程

7. 学生毕业设计作品展示

图 11-26 为校园文化衫设计作品。该作品的寓意，是将大学生活和学习瞬间的镜头在文化衫的下摆处组成或前或后，或前后兼有的"U"型图案。许多首字母为 U 的英文单词都和大学有关，容易让人在不经意间产生共鸣，从而对校园文化氛围浮想联翩。

图 11-26　校园文化衫设计作品（刘小娇）

如果三个以上的同学穿着此文化衫凑在一起，又可以组成富有象征意义的长城图案，文化衫内涵设计的感召力（如团结一心、众志成城的寓意显而易见）会更强。

四、其他主题文化衫作品展示

（一）社区和谐内涵文化衫设计

图 11-27 为反映社区和谐内涵的文化衫设计作品。

（二）流行文化内涵文化衫设计

图 11-28 为反映流行文化热点的文化衫设计作品。

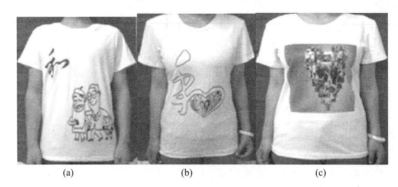

图 11-27　社区和谐内涵文化衫设计作品（朱亚楠）

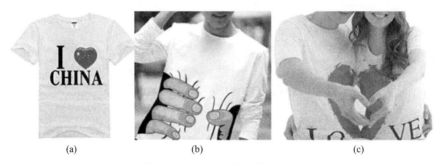

图 11-28　流行文化衫设计作品

 思考题

1. 机织服装设计与制作应考虑哪些工艺因素？
2. 针织服装设计与制作应考虑哪些工艺因素？

参 考 文 献

[1] 张竟琼.近代中国服装的传承经脉 [M].北京:中国纺织出版社.2009.

[2] 赵斌,吕卓民,周怡.唐代宫廷服饰 [M].西安:西安出版社,2013.

[3] 蒋肖云.汉族 [M].吉林:吉林文史出版社,2010.

[4] 陈美怡.时裳 [M].北京:中国青年出版社,2013.

[5] 王革辉.服装面料的性能与选择 [M].上海:东华大学出版社,2013.

[6] 缪秋菊,王海燕.针织面料与服装 [M].上海:东华大学出版社,2009.

[7] 陈霞,张小良.服装生产工艺与流程 [M].北京:中国纺织出版社,2013.

[8] 蒋晓文.服装品质控制与检验 [M].上海:东华大学出版社,2011.

[9] 滑钧凯.服装整理学 [M].北京:中国纺织出版社,2013.

[10] 唐琴,吴基作.服装材料与运用 [M].上海:东华大学出版社,2013.

[11] 叶清珠,沈卫平,李良源.服装品质管理 [M].北京:中国纺织出版社,2011.

[12] 宋嘉朴.服装设备 [M].上海:东华大学出版社,2009.

[13] 缪元吉,方芸.服装设备与生产 [M].上海:东华大学出版社,2002.

[14] 刘建平.服装裁剪与缝纫轻松入门 [M].北京:化学工业出版社,2013.

[15] 马嵩甜,许幼敏.成衣分解制版 [M].上海:上海科学技术出版社,2013.

[16] 陈尚斌,叶菀茵,陶聪聪,陆银霞.男衬衫设计与技术 [M].上海:东华大学出版社,2012.

[17] 许涛.服装制作工艺实训手册 [M].北京:中国纺织出版社,2013.